数字经济
系列教材

数据挖掘与数据分析（财会专业适用）

主　编◎谢海娟　王　雷

上海交通大学出版社
SHANGHAI JIAO TONG UNIVERSITY PRESS

内容提要

本书为"数字经济"系列教材之一,也是会计学专业的核心课程教材。全书共9章,主要讲述在财务金融数据分析与数据挖掘过程中常用的方法和模型。第1章介绍数据挖掘和数据分析的概念、数据挖掘与分析的流程,以及数据挖掘与分析在财务中的应用;第2章介绍数据获取与预处理;第3章讲解如何将分析结果数据可视化;第4章至第9章举例讲解财务工作中用于数据挖掘与数据分析的商品零售购物篮分析法、主成分分析法、聚类分析法、回归分析法、灰色预测法、支持向量机法等。

本书可作为财会专业在大数据分析领域的专业教材,也适用于对财务数据挖掘和分析感兴趣,就读于经济类、管理类和计算机相关专业的学生和业余爱好者。

图书在版编目(CIP)数据

数据挖掘与数据分析:财会专业适用/谢海娟,王
雷主编.—上海:上海交通大学出版社,2023.2
ISBN 978-7-313-28195-1

Ⅰ.①数⋯ Ⅱ.①谢⋯②王⋯ Ⅲ.①数据采集-教
材②数据处理-教材 Ⅳ.①TP274

中国版本图书馆 CIP 数据核字(2022)第 241598 号

数据挖掘与数据分析(财会专业适用)
SHUJU WAJUE YU SHUJU FENXI (CAIKUAI ZHUANYE SHIYONG)

主 编:谢海娟 王 雷			
出版发行:上海交通大学出版社		地 址:上海市番禺路951号
邮政编码:200030		电 话:021-64071208
印 制:常熟市文化印刷有限公司		经 销:全国新华书店
开 本:787mm×1092mm 1/16		印 张:11.25
字 数:258千字		
版 次:2023年2月第1版		印 次:2023年2月第1次印刷
书 号:ISBN 978-7-313-28195-1		电子书号:ISBN 978-7-89424-315-7
定 价:49.00元		

编　委　会

总　　序

随着信息数字技术的快速发展与普及应用,数字经济浪潮势不可挡。2017年《政府工作报告》首次提出"数字经济",提出推动"互联网＋"计划深入发展,促进数字经济加快增长,从而将发展数字经济上升到国家战略的高度。2021年中国数字经济规模达到45.5万亿元,占国内生产总值(GDP)比重超过三分之一,达到39.8%,成为推动经济增长的主要引擎之一。数字经济在国民经济中的地位更加稳固,支撑作用更加明显。

在国家数字经济战略背景下,外部环境的数字化转变决定了数字化转型将会是未来传统企业的必经之路和战略重点,这使得未来市场可能出现巨大的数字人才需求。波士顿咨询公司发布的《迈向2035:4亿数字经济就业的未来》报告认为,当前中国数字人才缺口巨大,拥有"特定专业技能(尤其是数字技能)"对获取中高端就业机会至关重要,并预测到2035年中国整体数字经济就业容量将达4.15亿人。可以预见,应用型数字经济人才将成为未来市场上最为短缺的专业人才。

为了对接国家数字经济发展战略和未来市场的数字经济人才需求,我们策划、组织编写了这套"数字经济"系列教材,其目的在于:

(1) 系统总结近年来我国数字经济领域涌现的新理论、新技术、新成果,为我国数字经济从业人员提供智力参考;

(2) 提供数字经济专业教材,为高水平数字经济人才的培养提供一套系统、全面的教科书或教学参考书;

(3) 构建一个适应数字经济理论和数字技术发展趋势的科研交流平台。

这套数字经济系列教材面向应用型数字经济专业人才的培养目标,即培养兼具现代经济管理思维与数字化思维,又熟练掌握数字化技能的高素质应用型产业数字化人才。这套教材全面反映了数字经济理论、信息经济学理论及其最新进展,注重数字经济理论、数字技术与应用实践的有机融合,体现包括区块链、Python、云计算、人工智能等高新技术的最新进展和在各类商业环境下的应用,这其中着重强调Python作为大数据分析工具在财务和经济两大领域的应用。这套教材可以为数字经济相关专业背景的学生或从业人员提供研究数字经济现象问题的理论基础、建模方法、分析工具和应用案例。

希望这套教材的出版能够有益于我国数字经济专业人才的培养,有益于数字经济领域的理论普及与技术创新,为我国数字经济领域的科研成果提供一个展示的平台,引领国内外数字经济学术交流和创新并推动平台的国际化发展。

袁胜军

2022 年 1 月

Preface

前　言

　　"数据挖掘与数据分析(财会专业适用)"是一门跨学科的会计学学科分支课程,是财会金融数据库、人工智能、机器学习、概率论和统计学的交叉学科。本教材讲解了在大数据时代数据挖掘与数据分析对会计产生影响的相关技术,并重点介绍了应用于财会领域的六种大数据分析方法。其目的是在一个或多个财会金融数据集中通过数据处理和结合一定的算法模型,最终挖掘出有价值的财务数据。随着我国集团公司财务共享的建设、区块链技术应用、单位业财一体化的建设、财政部门预算管理一体化平台建设等,企业财务数据量呈爆炸式增长,数据挖掘在单位管理中得到了越来越多的重视。在企业里面,数据的科学发展受到了极大的关注,数据分析与数据挖掘可以帮助财务人员科学支持企业的管理决策,推动企业更加健康地发展。

　　本书内容主要讲解财务金融数据挖掘与数据分析过程中常用的六种方法和模型,即商品零售购物篮分析法、主成分分析法、聚类分析法、回归分析法、灰色预测法、支持向量机法等。目的是让财会专业,以及对财务数据挖掘和分析感兴趣并就读于经济类、管理类和计算机相关专业的学生和业余爱好者熟悉数据挖掘的过程,掌握财会金融数据挖掘与数据分析过程中常用的算法模型及数据处理方式。

　　教材采用章节化结构,由9章构成:第1章数据挖掘与数据分析概述,介绍数据挖掘与数据分析概念、数据挖掘的进化历程、数据分析与挖掘的应用领域、数据分析与挖掘的区别、数据挖掘的流程、数据挖掘与分析经典算法、常用的数据挖掘与分析工具,以及数据挖掘与分析对财会工作的影响等;第2章数据获取与预处理,讲解数据类型、数据获取、数据质量分析与清洗、数据特征分析、数据集成和数据约规等;第3章数据可视化,讲解可视化工具 Matplotlib、可视化 pylot 的 plot()函数,以及可视化图形的绘制;第4章到第9章分别讲解了财会领域常用的商品零售购物篮分析法、主成分分析法、聚类分析法、回归分析法、灰色预测法、支持向量机法这六种数据挖掘与数据分析的方法,每种方法都设计了问题导入,通过概念、模型、分析步骤、财会案例演示等次序层层展开,以便学习者学习时更容易接受,且学习后能够理解每种方法适合解决什么问题及如何用该方法解决等。

　　本书由谢海娟主编,多人参与编写,其中桂林电子科技大学商学院财会金融系谢海娟编写了第1章,桂林电子科技大学商学院王雷编写第2、3、4、7章,龚新龙编写了第5章,黄宏军编写了第6章,智国建编写了第8、9章。在此一并表示感谢。

　　本书在撰写过程中得到了范雪梅、梁程等人员的支持，非常感谢他们参与内容审核和修订工作。

　　由于编者水平所限，书中存在的误漏或欠妥之处，敬请读者批评指正。

编者

2022 年 3 月

Contents

目　录

第1章

数据挖掘与数据分析概述

本章知识点

(1) 熟悉数据挖掘与分析的概念。

(2) 了解数据挖掘与分析的几方面区别。

(3) 熟悉数据挖掘与分析的具体操作流程。

(4) 了解数据挖掘与分析的常用工具。

财政部于 2016 年 10 月发布了《会计改革与发展"十三五"规划纲要》(财会〔2016〕19号),指出加强会计信息化建设,是"十三五"时期我国会计改革与发展的九项主要任务之一。而会计信息化建设离不开数据挖掘等相关信息技术的应用。应用数据挖掘技术,有助于推进我国会计改革,贯彻《会计法》《企业会计信息化工作规范》等法律法规。由此可见,数据挖掘技术是我国会计信息化建设的主要内容之一,是当前财务职能理论研究中的热点之一,也是目前影响会计发展的十大信息技术之一。因此企业财会人员要顺利从"核算型"转变为"管理型",必须重视并善加利用数据挖掘与分析相关的技术。

1.1 数据挖掘与分析的概念

随着数据时代的蓬勃发展,越来越多的企事业单位开始认识到数据的重要性,并通过各种手段进行数据的收集。例如,使用问卷调查法获取用户对产品的评价或改善意见,通过每一次的实验获得产品性能的改良状况,基于各种设备记录空气质量状况、人体健康状态、机器运行寿命等,通过网页或 App 记录用户的每一次登录、浏览、交易、评论等操作,基于数据接口、网络爬虫等手段获取万维网中的公开数据,甚至是企业间的合作实现多方数据的共享。企事业单位花费人力、物力获取各种数据的主要目的就是通过数据挖掘和分析手段实现数据的变现,否则囤积的数据就是资源的浪费。

1.1.1 数据挖掘

数据挖掘(data mining)是指从大量的数据中,通过统计学、人工智能、机器学习等方法,挖掘出未知的、有价值的信息和知识的过程。它是大数据技术的一种应用和发展,也是一种决策支持过程。将其应用到会计领域,有助于会计人员对大容量、多种类、实时性很强的数据进行有效的分析、处理和利用,为企业各层级的管理者或决策者提供有价值的信息。

1.1.2　数据分析

数据分析(data analysis)有广义的数据分析和狭义的数据分析之分。其中广义的数据分析就是包括狭义的数据挖掘和数据分析。而我们常说的数据分析指的是狭义的数据分析。它指根据分析目的,用适当的统计分析方法与工具,对收集来的数据进行处理与分析,提取有价值的信息,发挥数据的作用。

1.1.3　数据挖掘与分析

数据挖掘与分析都是基于收集来的数据,应用数学、统计、计算机等技术抽取出数据中的有用信息,进而为决策提供依据和指导方向。例如,应用漏斗分析法挖掘出用户体验过程中的不足之处,从而进一步改善产品的用户流程;利用 A/B 测试法检验网页布局的变动对交易转化率的影响,从而确定这种变动是否有利;基于 RFM 模型实现用户的价值分析,进而针对不同价值等级的用户采用各自的营销方案,实现精准触达;运用预测分析法对历史的交通数据进行建模,预测城市各路线的车流量,进而改善交通的拥堵状况;采用分类手段,对患者的体检指标进行挖掘,判断其所属的病情状况;利用聚类分析法对交易的商品进行归类,可以实现商品的捆绑销售、推荐销售等营销手段。应用数据挖掘与分析方法,让数据产生价值的案例还有很多,这里就不一一列举了,所以只有很好地利用数据,它才能产生价值,毫不夸张地说,其中的大部分功劳都要归功于数据挖掘与分析。

1.2　数据挖掘的进化历程

1.2.1　数据收集阶段

20 世纪 60 年代主要是数据收集阶段。在这个阶段受到数据存储能力的限制,特别是当时还处在磁盘存储阶段,因此主要解决的是数据收集问题,而且更多是针对静态数据的收集与展现,所解决的商业问题也是基于历史结果的统计数据。例如:"过去三年,我们的销售额是多少?"从今天来看,这些问题简单得很,但却是一个时代的缩影与下一个时代进步的阶梯。

1.2.2　数据访问阶段

20 世纪 80 年代主要是数据访问阶段。关系型数据库与结构型查询语言出现,使得动态的数据查询与展现成为可能,人们可以用数据来解决一些更为聚焦的商业问题,如:"去年,东部地区三个月的销售额是多少?"在这个阶段,数据库知识发现(KDD)出现了,数据挖掘走上了历史舞台。

1.2.3　数据仓库决策与支持阶段

20世纪90年代主要是数据仓库决策与支持阶段。线上分析处理(OLAP)与数据仓库技术的突飞猛进使得多层次的数据回溯与动态处理成为现实,人们可以用数据来获取知识,对经营进行决策,如"东部地区去年上半年的销售额每月是多少,对今天的发展有何启示?"

1.2.4　数据挖掘与分析阶段

进入21世纪主要是数据挖掘与分析阶段。计算机硬件的大发展以及一些高级数据仓库、数据算法的出现,使得海量数据处理与分析成为可能,数据挖掘可帮助解决带有预测性的一些问题。如"下个月的收入目标是多少? 如何保障目标实现?"

综上,数据挖掘与分析进化的四个阶段如图1-1所示。

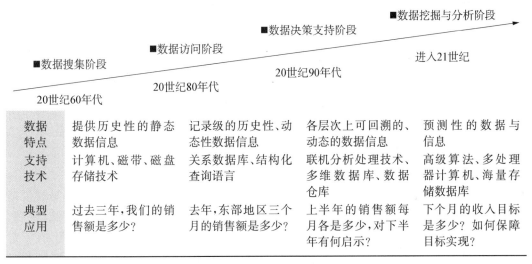

图1-1　数据挖掘的进展历程

1.3　数据挖掘与分析的应用领域

也许读者也曾自我发问——学会了数据挖掘与分析技术,可以从事哪些行业的相关工作呢? 数据挖掘从国外传播而来,在国外,数据挖掘已经在众多行业中应用,包括零售、电信、金融、工商业管理等各行各业。随着数据挖掘研究的不断深入,数据挖掘技术与方法的不断成熟完善,其应用领域越来越广泛。国外的研究重点从发现方法逐渐向系统应用直到转向大规模综合系统开发,并且注重多种发现策略和技术的集成。在国内,数据挖掘虽然起步晚,但也已经有十多年的发展与实践。随着大数据应用的深入,数据挖掘已经为通信、金融、零售、交通、公共安全、智慧城市、工业等越来越多的行业挖掘数据背后的价值。以下仅举几个行业应用的例子,进一步说明数据挖掘与分析的用武之地。

1.3.1 电商领域

移动互联网时代下,电商平台之间的竞争都特别激烈,为了获得更多的新用户,往往会针对新用户发放一些诱人的福利,如红包券、满减券、折扣券、限时抢购优惠券等,当用户产生交易时,就能够使用这些券减免一部分交易金额。电商平台通过类似的营销手段一方面可以促进新用户的获取,增添新鲜血液;另一方面也可以刺激商城的交易,增加用户的活跃度,获得各取所需的双赢效果。

然而,某些心术不正的用户为了从中牟取利益,破坏大环境下的游戏规则。某电商数据分析人员在一次促销活动的复盘过程中发现交易记录存在异常,于是就对这批异常交易做更深层次的挖掘与分析,最终发现这批异常交易都有两个共同特点,即一张银行卡对应数百个甚至上千个用户 ID,同时,这些 ID 自始至终只发生一笔交易。这暗示了什么问题? 这说明用户很有可能通过廉价的方式获得多个手机号,利用这些手机号去注册 App 成为享受福利的多个新用户,然后利用低价优势买入这些商品,最后再以更高的价格卖出这些商品。这种用户我们一般称为"黄牛"。

这些害群之马的行为至少给电商平台造成两方面的影响:一是导致真正想买商品的新用户买不到,因为有限的福利或商品都被这些用户抢走了;二是虚增了很多"薅羊毛"的假用户,因为他们很可能利用完新用户的福利资格后就不会再交易了。如果没有数据挖掘与分析技术在互联网行业的应用,就很难发现这些害群之马。企业针对害群之马对游戏规则做了相应的调整,从而减少了不必要的损失,同时也挽回了真实用户的利益。

1.3.2 交通出行领域

打车工具的出现,改变了人们的出行习惯,也改善了乘车的便捷性。以前都是通过路边招手才能搭乘出租车,现在坐在家里就可以完成一对一的打车服务。起初滴滴、快滴、优步、易到等打车平台,为了抢占市场份额,不惜花费巨资补贴给司机端和乘客端,在一定程度上获得了用户的青睐,甚至导致用户的短途出行都依赖这些打车工具。然而随着时间的推移,打车市场的格局基本定型,企业为了自身的利益和长远的发展,不再进行这种粗放式的"烧钱"运营手段。

当司机端和乘客端不再享受以前的福利待遇时,在一定程度上影响了乘客端的乘车频率和司机端的接单积极性。为了弥补这方面的影响,某打车平台利用用户的历史交易数据,为司机端和乘客端的定价进行私人定制。

例如,针对乘客端,通过各种广告渠道将折扣券送到用户手中,一方面可以唤醒部分沉默用户(此时的折扣力度会相对比较高),让他们再次回到应用中产生交易;另一方面继续刺激活跃用户的使用频率(此时的折扣力度会相对比较低),进而提高用户的忠诚度。针对司机端,根据司机在平台的历史数据,将其接单习惯、路线熟悉度、路线拥堵状况、距离乘客远近、天气变化、乘客乘坐距离等信息输入到逻辑模型中,可以预测出司机接单的概率大小。这里的概率在一定程度上可以理解为司机接单的意愿,概率越高,说明司机接单的意愿越强,否则意愿就越弱。当模型发现司机接单的意愿比较低时,就会发放较高的补贴给司机端,否则司机就会获得较少的补贴甚至没有补贴。如果不将数据挖掘与分析手段应用于大数据的交通领域,就无法刺激司机端和乘客端产生更多交易,同时,也会浪费更多的资金,造成运营成本居高不下,影响企业的发展和股东的利益。

1.3.3　医疗健康领域

众所周知,癌症的产生是由于体内某些细胞的 DNA 或 RNA 发生了病变,这种病变会导致癌细胞不断地繁殖,进而扩散至全身,最终形成可怕的肿瘤。早在 2003 年,乔布斯在一次身体检查时发现胰腺处有一块阴影,医生怀疑是一块肿瘤,建议乔布斯马上进行手术,但乔布斯选择了药物治疗。遗憾的是,一年后,医生从乔布斯的身体检查中发现可怕的癌细胞已经扩散到了全身,认为乔布斯的生命即将走到人生的终点。

乐观的乔布斯认为还有治疗的希望,于是花费几十万美元,让专业的医疗团队将自己体内的 DNA 与历史肿瘤 DNA 样本进行比对,目的就是找到符合肿瘤病变的 DNA。这样,对于乔布斯体内的 DNA 来说就有了病变与正常的标签,然后基于这个标签构建分类算法。当正常 DNA 出现病变特征时,该算法就能够准确地找出即将病变的 DNA,从而指导医生及时地改变医疗方案和寻找有效的药物。最终,乔布斯原本即将走到终点的生命延续了八年时间,正是这短短的八年,让乔布斯一次次地创造了苹果公司的辉煌。如果没有数据挖掘与分析在医疗行业的应用,也许就没有现在的苹果公司。

1.3.4　银行风险和客户管理领域

银行信息化的迅速发展,产生了大量的业务数据。从海量数据中提取出有价值的信息,为银行的商业决策服务,是数据挖掘的重要应用领域。汇丰、花旗和瑞士银行是数据挖掘技术应用的先行者。如今,数据挖掘已在银行业有了广泛深入的应用。数据挖掘在银行业应用的主要有以下几个方面。

1. 风险管理

数据挖掘在银行业的重要应用之一是风险管理,如信用风险评估。可通过构建信用评级模型,评估贷款申请人或信用卡申请人的风险。一个进行信用风险评估的解决方案,能对银行数据库中所有的账户指定信用评级标准,用若干数据库查询就可以得出信用风险的列表。这种对于高/低风险的评级或分类,是基于每个客户的账户特征,如尚未偿还的贷款、信用调降报告历史记录、账户类型、收入水平及其他信息等。例如,对于银行账户的信用评估,可采用直观量化的评分技术。将顾客的海量信息数据以某种权重加以衡量,针对各种目标给出量化的评分。以信用评分为例,通过由数据挖掘模型确定的权重,来给每项申请的各指标打分,加总得到该申请人的信用评分情况。银行根据信用评分来决定是否接受申请,确定信用额度。通过应用数据挖掘的方法,可以增加更多的变量,提高模型的精度,满足信用评价的需求。通过数据挖掘,还可以侦查异常的信用卡使用情况,确定极端客户的消费行为。根据历史统计数据,评定造成信贷风险客户的特征和背景,预防可能造成风险损失的客户。在对客户的资信调查和经营预测的基础上,运用系统的方法对信贷风险的类型和原因进行识别、估测,发现引起贷款风险的诱导因素,有效地控制和降低信贷风险发生。通过建立信用欺诈模型,帮助银行发现具有潜在欺诈性的事件,开展欺诈侦查分析,预防和控制资金非法流失。

2. 客户管理

在银行客户管理生命周期的各个阶段，都会用到数据挖掘技术。

1）获取客户

发现和开拓新客户对任何一家银行来说都至关重要。通过探索性的数据挖掘方法，如自动探测聚类和购物篮分析，可以用来找出客户数据库中的特征，预测对于银行营销活动的响应率。那些被定为有利的特征可以与新的非客户群匹配，以增加营销活动的效果。数据挖掘还可以根据事先设定的标准，从银行数据库存储的客户信息中找到符合条件的客户群，也可以把客户进行聚类分析让其自然分群，通过对客户的服务收入、风险、成本等相关因素的分析、预测和优化，找到新的可盈利目标客户。

2）留住客户

通过数据挖掘，在发现流失客户的特征后，银行可以在具有相似特征的客户未流失之前，采取额外增值服务、特殊待遇和激励忠诚度等措施保留客户。比如，使用信用卡损耗模型，可以预测哪些客户将停止使用银行的信用卡，而转用竞争对手的卡，根据数据挖掘结果，银行可以采取措施来保持这些客户的信任。当得出可能流失的客户名单后，可对客户进行关怀访问，争取留住客户。银行为留住老客户，防止客户流失，就必须了解客户的需求。数据挖掘可以识别导致客户转移的关联因子，用模式找出当前客户中相似的可能转移者，通过孤立点分析法可以发现客户的异常行为，从而使银行避免不必要的客户流失。数据挖掘工具还可以对大量的客户资料进行分析，建立数据模型，确定客户的交易习惯、交易额度和交易频率，分析客户对某个产品的忠诚程度、持久性等，从而为他们提供个性化定制服务，以提高客户忠诚度。

3）优化客户服务

行业竞争日益激烈，客户服务的质量是关系到银行发展的重要因素。客户是一个可能根据年费、服务、优惠条件等因素而不断流动的群体，为客户提供优质和个性化的服务是取得客户信任的重要手段。根据二八原则，银行业 20％的客户创造了 80％的价值，要对这 20％的客户实施最优质的服务，前提是发现这 20％的重点客户。重点客户的发现通常是由一系列的数据挖掘来实现的。如通过分析客户对产品的应用频率、持续性等指标来判别客户的忠诚度，通过交易数据的详细分析来鉴别哪些是银行希望保持的客户。找到重点客户后，银行就能为客户提供有针对性的服务。

1.3.5 企业危机管理领域

由于危机产生的原因复杂，种类繁多，许多因素难以量化，而且危机管理中带有大量不确定因素的半结构化问题和非结构化问题，很多因素由于没有历史数据和相应的统计资料，很难进行科学的计算和评估，因此需要应用其他技术和方法来加强企业的危机管理工作。数据挖掘是一种新的信息处理技术，主要特点是对企业数据库中的大量业务数据进行抽取、转换、分析和其他模型化处理，从中提取辅助经营决策的关键性数据。它在企业危机管理中得到了比较普遍的应用，具体可以应用到以下几个方面。

1. 利用 Web 页挖掘收集外部环境信息

信息是危机管理的关键因素。在危机管理过程中，可以利用 Web 页挖掘技术对企业外部环境信息进行收集、整理和分析,尽可能地收集政治、经济、政策、科技、金融、各种市场、竞争对手、供求信息、消费者等与企业发展有关的信息,集中精力分析处理那些对企业发展有重大或潜在重大影响的外部环境信息,抓住转瞬即逝的市场机遇,获得企业危机的先兆信息,采取有效措施规避危机,促使企业健康、持续地发展。

2. 利用数据挖掘分析企业经营信息

利用数据挖掘技术、数据仓库技术和联机分析技术,管理者能够充分利用企业数据仓库中的海量数据进行分析,并根据分析结果找出企业经营过程中出现的各种问题和可能引起危机的先兆。如经营不善、观念滞后、产品失败、战略决策失误、财务危机等内部因素引起企业人、财、物、产、供、销的相对和谐平衡体遭到重大破坏,找出对企业的生存、发展构成严重威胁的信息,及时做出正确的决策,调整经营战略,以适应不断变化的市场需求。

3. 利用数据挖掘识别、分析和预防危机

危机管理的精髓在于预防。利用数据挖掘技术对企业经营各方面的风险、威胁和危险进行识别和分析,如产品质量和责任、环境、健康和人身安全、财务、营销、自然灾害、经营欺诈、人员及计算机故障等,对每一种风险进行分类,并决定如何管理各类风险;准确地预测企业所面临的各种风险,并对每一种风险、威胁和危险的大小及发生概率进行评价,建立各类风险管理的优先次序,以有限的资源、时间和资金来管理最严重的一种或某几类风险;制定危机管理的策略和方法,拟订危机应急计划和危机管理队伍,做好危机预防工作。

4. 利用数据挖掘技术改善客户关系管理

客户满意度历来是衡量一个企业服务质量好坏的重要尺度,特别是当客户的反馈意见具有广泛效应的时候更是如此。目前很多企业利用营销中心、新闻组、BBS以及呼叫中心等收集客户的投诉和意见,并对这些投诉和意见进行分析,以发现客户关系管理中存在的问题,如果有足够多的客户都在抱怨同一个问题,管理者就有理由对其展开调查,为企业及时捕捉到发生危机的一切可能事件和先兆,从而挽救客户关系,避免经营危机。

5. 利用数据挖掘进行信用风险分析和欺诈甄别

客户信用风险分析和欺诈行为预测对企业的财务安全是非常重要的,使用企业信息系统中数据库的数据,利用数据挖掘中的变化和偏差分析技术进行客户信用风险分析和欺诈行为预测,分析这些风险为什么会发生,哪些因素会导致产生这些风险,这些风险主要来自何处,如何预测到可能发生的风险,采取何种措施减少风险发生,等等。通过评价这些风险的严重性、发生的可能性及控制这些风险的成本,汇总对各种风险的评价结果,进而建立一套信用风险管理的战略和监督体系,设计并完善信用风险管理能力,准确、及时地对各种信用风险进行监视、评价、预警和管理,进而采取有效的规避和监督措施,在信用风险发生之前对其进行预警和控制,趋利避害,做好信用风险的防范工作。

6. 利用数据挖掘控制危机

危机一旦爆发,来势迅猛,损失严重,因此危机发生以后,要采取有力的措施控制危机。管理者可以利用先进的信息技术如基于Web的挖掘技术、各种搜索引擎工具、E-mail自动处理工具、基于人工智能的信息内容的自动分类、聚类以及基于深层次自然语言理解的知识检索、问答式知识检索系统等快速地获取危机管理所需要的各种信息,以便向客户、社区、新闻界发布有关的危机管理信息，并在各种媒体尤其是公司的网站上公布企业的详细风险防御和危机管理计划，使全体员工能够及时获取危机管理信息及危机最新的进展情况。这样企业的高层管理人员、公关人员、危机管理人员和其他员工就能随时有准备地应对任何复杂情况和危急形势的压力，对出现的危机立即做出反应，使危机的损失降到最低。

1.3.6　市场营销领域

数据挖掘技术在企业市场营销中得到了比较普遍的应用，它是以市场营销学的市场细分原理为基础，其基本假定是"消费者过去的行为是其今后消费倾向的最好说明"。

通过收集、加工和处理涉及消费者消费行为的大量信息，确定特定消费群体或个体的兴趣、消费习惯、消费倾向和消费需求，进而推断出相应消费群体或个体下一步的消费行为，然后以此为基础，对所识别出来的消费群体进行特定内容的定向营销，这与传统的不区分消费者对象特征的大规模营销手段相比，大大节省了营销成本，提高了营销效果，从而为企业带来更多的利润。

商业消费信息来自市场中的各种渠道。例如，每当我们用信用卡消费时，商业企业就可以在信用卡结算过程收集商业消费信息，记录下我们进行消费的时间、地点、感兴趣的商品或服务、愿意接收的价格水平和支付能力等数据；当我们在申办信用卡、办理汽车驾驶执照、填写商品保修单等其他需要填写表格的场合时，我们的个人信息就存入了相应的业务数据库。

把来自各种合法渠道的数据信息组合起来，应用超级计算机、并行处理、神经元网络、模型化算法和其他信息处理技术手段进行处理，从中得到商家用于向特定消费群体或个体进行定向营销的决策信息。这种数据信息是如何应用的呢？举一个简单的例子，当银行对业务数据进行挖掘后，发现一个银行账户持有者突然要求申请双人联合账户时，并且确认该消费者是第一次申请联合账户，银行会推断该用户可能要结婚了，它就会向该用户定向推送有关购买房屋、支付子女学费等长期投资业务信息。

数据挖掘构筑竞争优势。在市场经济比较发达的国家和地区，许多公司都开始在原有信息系统的基础上通过数据挖掘对业务信息进行深加工，以构筑自己的竞争优势，扩大自己的营业额。美国运通公司（American Express）有一个用于记录信用卡业务的数据库，数据量达到54亿字符，并随着业务进展仍在不断地更新。运通公司对这些数据进行挖掘，制定了"关联结算（relationship billing）优惠"的促销策略，即如果一个顾客在一个商店用运通卡购买一套时装，那么在同一个商店再买一双鞋，就可以得到比较大的折扣。这样的促销策略既可以增加商店的销售量，也可以增加运通卡在该商店的使用率。再如，居住在伦敦的持卡消费者如果最近刚刚乘英国航空公司的航班去过巴黎，那么他可能会得到一个周末前往纽约的机票打折优惠卡。

基于数据挖掘的营销，常常可以向消费者发出与其以前的消费行为相关的推销材料。卡夫（Kraft）食品公司建立了一个拥有3000万客户资料的数据库，数据库是通过收集对公司发出的优惠券等其他促销手段做出积极反应的客户和销售记录而建立起来的，卡夫公司通过数据挖掘了解特定客户的兴趣和口味，并以此为基础向他们发送特定产品的优惠券,并为他们推荐符合客户口味和健康状况的卡夫产品食谱。美国的读者文摘(*Reader's Digest*)出版公司运行着一个积累了 40 年的业务数据库,其中容纳遍布全球的一亿多个订户的资料,数据库每天 24 小时连续运行,保证数据不断得到实时的更新。正是基于对客户资料数据库进行数据挖掘的优势,使读者文摘出版公司能够从通俗杂志扩展到专业杂志、书刊和声像制品的出版和发行业务,极大地扩展了自己的业务。

1.4　数据挖掘与分析的区别

从广义的角度来说,数据分析的范畴会更大一些,涵盖了数据分析和数据挖掘两个部分。数据分析就是针对收集来的数据运用基础探索、统计分析、深层挖掘等方法,发现数据中有用的信息和未知的规律与模式,进而为下一步的业务决策提供理论与实践依据。所以广义的数据分析就包含了数据挖掘部分,正如读者在各招聘网站中所看见的,对于数据分析师的任职资格中常常需要应聘者熟练使用数据挖掘技术解决工作中的问题。从狭义的角度来说,两者存在一些不同之处,主要体现在两者的定义说明、侧重点、技能要求和最终的输出形式。接下来阐述这几个方面的差异。

1. 从定义说明出发

数据分析采用适当的统计学方法,对收集来的数据进行描述性分析和探索性分析,并从描述和探索的结果中发现数据背后存在的价值信息,用以评估现状和修正当前的不足;数据挖掘则广泛交叉数据库知识、统计学、机器学习、人工智能等方法,对收集来的数据进行"采矿",发现其中未知的规律和有用的知识,进一步应用于数据化运营,让数据产生更大的价值。

2. 从侧重点出发

数据分析更侧重于实际的业务知识,如果将数据和业务分开,往往会导致数据的输出不是业务所需,业务的需求无法通过数据体现,故数据分析需要两者紧密结合,实现功效的最大化;数据挖掘更侧重于技术的实现,对业务知识的熟练度并没有很高的要求,如何从海量的数据中发现未知的模式和规律,是数据挖掘的目的所在,只有技术过硬,才能实现挖掘项目落地。

3. 从掌握的技能出发

数据分析一般要求具备基本的统计学知识、数据库操作技能、Excel 报表开发和常用可视化图表展现的能力,就可以解决工作中的分析任务;数据挖掘对数学功底和编程能力有较高的要求,数学功底是数据挖掘、机器学习、人工智能等方面的基础,没有好的数学功底,在数据挖掘领域是走不远的,编程能力是从数据中发现未知模式和规律途径,没有编程技能,就无法实现算法落地。

4. 从输出的结果出发

数据分析更多的是统计描述结果的呈现,如平均水平、总体趋势、差异对比、数据转化等,这些结果都必须结合业务知识进行解读,否则一组数据是没有任何实际意义的;数据挖掘更多的是模型或规则的输出,通过模型或规则可对未知标签的数据进行预测,如预测交通的畅通度(预测模型)、判别用户是否响应某种营销活动(分类算法);通过模型或规则实现智能的商业决策，如推荐用户可能购买的商品（推荐算法）、划分产品所属的群类（聚类算法）等。

为了读者更容易理解和区分数据分析与数据挖掘两者之间的差异，这里将上面描述的四个方面内容做一个简短的对比和总结，如表1-1所示。

表1-1　数据分析与数据挖掘对比

差异角度	数据分析	数据挖掘
定义	描述和探索性分析，评估现状和修正不足	技术性的"采矿"过程，发现未知的模式和规律
侧重点	实际的业务知识	挖掘技术的落地，完成"采矿"过程
技能	统计学、数据库、Excel、可视化等	过硬的数学功底和编程技术
结果	需要结合业务知识解读统计结果	模型或规则

1.5 数据挖掘的流程

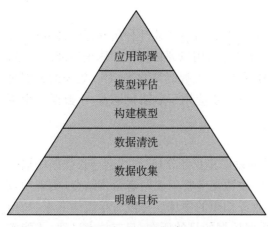

图1-2　数据挖掘步骤

本书将安排9章的内容来讲解具体的数据挖掘算法和应用案例，故需要对数据挖掘的具体流程做一个详细的说明。这里的流程可以理解为数据挖掘过程中的规范。只有熟悉了这些具体的规范，才可以在数据挖掘过程中做到游刃有余。数据挖掘的步骤如图1-2所示。

1.5.1　明确目标

前面讲了几个有关数据挖掘与数据分析在电商行业、交通领域和医疗健康方面的案例，体现了数据挖掘与分析的重要性。你可能非常期待数据挖掘与分析在工作中的应用，先别急，在实施数据挖掘之前必须明确自己需要解决的问题是什么，然后才可以有的放矢。

这里通过三个实际的案例来说明数据挖掘流程中的第一步，即明确目标。

案例1　在餐饮行业，可能都会存在这方面的痛点，即如何调整中餐或晚餐的当班人数，以及为下一餐准备多少食材比较合理。如果解决了这个问题，对于餐厅来说既可以降低人工成本，又可以避免食材浪费。

案例2　当前互联网经济下的消费信贷和现金信贷都非常流行，对于企业来说可以达到"以钱赚钱"的功效，对于用户来说短期内可以在一定程度上减轻经济压力，从而实现两端的双赢。但是企业会面临给什么样的用户收放信贷，如果选择正确了，可以赚取用户的利息；如果选择错误了，就得赔上本金。所以风险控制（简称"风控"）尤其重要，如果风控做得好，就能够降低损失，否则就会导致大批"坏账"产生甚至面临倒闭。

案例 3　对于任何一个企业来说,用户的价值高低决定了企业可从用户身上获得的利润空间。用户越忠诚、价值越高,企业从用户身上获取的利润就越多,反之利润就越少。所以摆在企业眼前的重大问题就是如何提升用户的生命价值。

1.5.2　数据收集

当读者明确企业面临的痛点或工作中需要处理的问题后,下一步就得规划哪些数据可能会影响到这些问题的答案,这一步就称为数据的收集过程。数据收集过程显得尤为重要,其决定了后续工作进展的顺利程度。接下来继续第一步中的例子,说明这三个案例中都需要收集哪些相关的数据。

1. 餐饮相关

食材数据:食材名称、食材品类、采购时间、采购数量、采购金额、当天剩余量等。

经营数据:经营时间、预订时间、预订台数、预订人数、上座台数、上座人数、上菜名称、上菜价格、上菜数量、特价菜信息等。

其他数据:天气状况、交通便捷性、竞争对手动向、是否为节假日、用户口碑等。

2. 金融授信

用户基本数据:姓名、性别、年龄、受教育水平、职业、工作年限、收入状况、婚姻状态、借贷情况、房产、汽车等。

刷卡数据:是否有信用卡、刷卡消费频次、刷卡缴费规律、刷卡金额、是否分期、是否逾期、逾期天数、未偿还金额、信用额度、额度使用率等。

其他数据:信用报告查询记录、电话核查记录、银行存款、社交人脉、其他 App 数据等。

3. 影响用户价值高低

会员数据:性别、年龄、受教育水平、会员等级、会员积分、收入状况等。

交易数据:用户浏览记录、交易商品、交易数量、交易频次、交易金额、客单价、最后交易时间、偏好、下单与结账时差等。

促销数据:用户活动参与度、优惠券领取率、优惠券使用率、购买数量、购买金额等。

客服数据:实时沟通渠道数量、用户沟通次数、用户疑问响应速度、疑问解答率、客户服务满意度等。

1.5.3　数据清洗

为解决企业痛点或面临的问题,需要收集相关的数据。即使数据收集上来,也必须保证数据“干净”,因为数据质量的高低将影响最终结果的准确性。通常都有哪些“不干净”的数据会影响后面的建模呢? 针对这些数据都有哪些解决方案呢? 这里做一个简要的概述。

1. 缺失值

由于个人隐私或设备故障导致某些观测在维度上的缺失,一般称为缺失值。缺失值的存在可能会导致模型结果错误,所以针对缺失值可以考虑用删除法、替换法或插值法解决。

2. 异常值

异常值一般指远离正常样本的观测点,它们的存在同样会影响模型的准确性,故可以考虑用删除法或单独处理法。当然某些场景下,异常值是有益的。例如通过异常值可以筛选出钓鱼网站。

3. 数据的不一致性

数据的不一致性主要是由于不同的数据源或系统并发不同步所导致的数据不一致性,例如两个数据源中数据单位不一致(一个以元为单位,另一个以万元为单位);系统并发不同步导致一张电影票被多个用户购买。针对这种情况则需要不同数据源的数据更新(SQL)或系统实现同步并发。

4. 量纲的影响

由于某些模型容易受到不同量纲的影响,因此需要通过数据的标准化方法对不同量纲的数据进行统一处理,如将数据都压缩至0~1的范围。

5. 维度灾难

当采集来的数据包含上百乃至成千上万的变量时,往往会增加模型的复杂度,进而影响模型的运行效率,故需要采用方差分析法、相关系数法、递归特征消除法、主成分分析法等手段实现数据的特征提取或降维。

1.5.4 构建模型

"万事俱备,只欠建模"。据不完全统计,建模前的数据准备将占整个数据挖掘流程80%左右的时间,可谓"地基不牢,地动山摇"。接下来,在数据准备充分的前提下,需要考虑企业面临的痛点或难题可以通过什么类型的挖掘模型解决。

对于餐饮业需要预测下一餐将有多少消费者就餐的问题,可以归属于预测类型的挖掘模型。如基于整理好的餐饮相关数据使用线性回归模型、决策树、支持向量机等实现预测,进而为下一餐提前做好准备。

对于选择什么样的用户发放信贷问题,其实就是判断该用户是否具有良好信用的特征,属于分类类型的挖掘模型。例如,基于 Logistic 模型、决策树、神经网络等完成用户的分类,为选择优良用户提供决策支持。

对于用户的价值分析,不再具有现成的标签,故无法使用预测或分类类型的模型解决,可以考虑无监督的聚类类型模型,因为"物以类聚,人以群分"。例如,使用 K 均值模型、DBSCAN 算法、最大期望(EM)算法等实现不同价值人群的划分。

1.5.5 模型评估

模型评估是在构建模型阶段,完成数据挖掘流程中的绝大部分工作,并且通过数据得到解决问题的多个方案(模型)之后,接下来要从这些模型中挑选出最佳的模型。其主要目的是让这个最佳模型能够更好地反映数据的真实性。例如,对于预测或分类类型的模型,即使其在训练集中的表现很好,但在测试集中结果一般,则说明该模型存在过拟合的现象,需要从数据或模型角度进一步修正。

1.5.6 应用部署

通常,模型构建和评估工作完成并不代表整个数据挖掘流程结束,往往还需要最后的应用部署。尽管模型构建和评估是数据分析师或挖掘工程师所擅长的,但是这些挖掘出来的模式或规律是给真正的业务方或客户服务的,故需要将这些模式重新部署到系统中。

例如,疾控中心对网民在互联网上的搜索记录进行清洗和统计,并将整理好的数据输入某个系统中,就可以预测某个地区发生流感的概率;用户在申请贷款时,前端业务员通过输入贷款者的信息,就可以知道其是否满足可贷款的结论;利用用户在电商平台留下的浏览、收藏、交易等记录,就可以向用户推荐其感兴趣的商品。这些应用的背后,都将数据中的模式或规律做了重新部署,进而便于使用方操作。

1.6　数据挖掘与分析的经典算法

数据挖掘与分析的经典算法一般有以下 10 种。

1.6.1　C4.5 算法

C4.5 算法是机器学习中的一个分类决策树算法。它是决策树(决策树也就是做决策的节点间的组织方式像一棵树,其实是一棵倒置的树)核心算法 ID3 的改进算法,所以基本上了解了一半决策树构造方法就能构造它。决策树构造方法其实就是每次选择一个好的特征以及分裂点作为当前节点的分类条件。

1.6.2　K-means 算法

K-means 算法是一种聚类算法,把 n 个对象根据它们的属性分为 k 个分割($k < n$)。它与处理混合正态分布的最大期望算法很相似,因为它们都试图找到数据中自然聚类的中心。它假设对象属性来自空间向量,并且目标是使各个群组内部的均方误差总和最小。

1.6.3　支持向量机

支持向量机(support vector machine,SVM),它是一种监督式学习的方法,广泛地应用于统计分类以及回归分析中。支持向量机将向量映射到一个更高维的空间里,在这个空间里建有一个最大间隔超平面。在分开数据的超平面的两边建有两个互相平行的超平面,分隔超平面使两个平行超平面的距离最大化。

1.6.4　关联规则算法

关联规则算法(the apriori algorithm)是一种最有影响的挖掘布尔关联规则频繁项集的算法。其核心是基于两阶段频集思想的递推算法。该关联规则在分类上属于单维、单层、布尔关联规则。在这里,所有支持度大于最小支持度的项集称为频繁项集,简称频集。

1.6.5　最大期望算法

在统计计算中,最大期望(expectation-maximization,EM)算法是在概率(probabilistic)模型中寻找参数最大似然估计的算法,其中概率模型依赖于无法观测的隐藏变量(latent variable）。最大期望算法经常用在机器学习和计算机视觉的数据集聚（data clustering）领域。

1.6.6 PageRank 算法

PageRank 算法是 Google 算法的重要内容。2001 年 9 月被授予美国专利，专利人是 Google 创始人之一拉里·佩奇（Larry Page）。因此，PageRank 里的 Page 不是指网页，而是指佩奇，即这个等级方法是以佩奇来命名的。PageRank 根据网站的外部链接和内部链接的数量和质量来衡量网站的价值。PageRank 背后的概念是，每个到页面的链接都是对该页面的一次投票，被链接得越多，就意味着被其他网站投票越多。

1.6.7 Adaboost 算法

Adaboost 是一种迭代算法，其核心思想是针对同一个训练集训练不同的分类器（弱分类器），然后把这些弱分类器集合起来，构成一个更强的最终分类器（强分类器）。其算法本身是通过改变数据分布来实现的，是根据每次训练集之中每个样本的分类是否正确，以及上次的总体分类的准确率，来确定每个样本的权值。将修改过权值的新数据集送给下层分类器进行训练，最后将每次训练得到的分类器融合起来，作为最后的决策分类器。

1.6.8 *K* 最近邻分类算法

K 最近邻（K - nearest neighbor，KNN）分类算法是一个理论上比较成熟的方法，也是最简单的机器学习算法之一。该方法的思路是：如果一个样本在特征空间中的 k 个最相似（即特征空间中最邻近）的样本中的大多数属于某一个类别，则该样本也属于这个类别。

1.6.9 朴素贝叶斯模型

在众多的分类模型中，应用最为广泛的两种分类模型是决策树模型（decision tree model）和朴素贝叶斯模型（naive Bayesian classifier，NBC）。

朴素贝叶斯模型发源于古典数学理论，有着坚实的数学基础以及稳定的分类效率。同时，NBC 模型所需估计的参数很少，对缺失数据不太敏感，算法也比较简单。理论上，NBC 模型与其他分类方法相比具有最小的误差率。

但是实际上并非总是如此，这是因为 NBC 模型假设属性之间相互独立，这个假设在实际应用中往往是不成立的，这给 NBC 模型的正确分类带来了一定影响。在属性个数比较多或者属性之间相关性较大时，NBC 模型的分类效率比不上决策树模型。而在属性相关性较小时，NBC 模型的性能最为良好。

1.6.10   分类与回归树

分类与回归树（classification and regression trees，CART）。在分类树下面有两个关键的思想：一是关于递归地划分自变量空间的想法；二是想法是用验证数据进行剪枝。

1.7　企业数据挖掘平台应用

思迈特企业数据挖掘平台(Smartbi mining)是用于预测性分析的独立产品,旨在为企业所做的决策提供智能化预测。该平台不仅可为用户提供直观的流式建模、拖曳式操作和流程化、可视化的建模界面,还提供了大量的数据预处理操作。此外,它内置了多种实用的、经典的机器学习算法,这些算法配置简单降低了机器学习的使用门槛,大大节省了企业成本,并支持标准的 PMML 模型输出,可以将模型发送到 Smartbi 统一平台,与商业智能平台实现完美整合。

Smartbi mining 数据挖掘平台支持多种高效实用的机器学习算法,包含了分类、回归、聚类、预测、关联五大类机器学习的成熟算法。其中包含了多种可训练的模型:逻辑回归、决策树、随机森林、朴素贝叶斯、支持向量机、线性回归、K 均值、DBSCAN、高斯混合模型。除提供主要算法和建模功能外,Smartbi mining 数据挖掘平台还提供了必不可少的数据预处理功能,包括字段拆分、行过滤与映射、列选择、随机采样、过滤空值、合并列、合并行、JOIN、行选择、去除重复值、排序、增加序列号、增加计算字段等。

1.8　常用的数据挖掘与分析工具

"工欲善其事,必先利其器。"这里的"器"含有两方面的意思,一方面是软实力,包含对企业业务逻辑的理解、理论知识的掌握和施展工作的清醒大脑;另一方面是硬实力,即对数据挖掘工具的掌握。接下来就针对数据挖掘和分析过程中所使用的几种常用工具做简单介绍。

1.8.1　R 语言

R 语言是由奥克兰大学统计系的 Robert Gentleman 和 Ross Ihaka 共同开发的,并在 1993 年首次亮相。其具备灵活的数据操作、高效的向量化运算、优秀的数据可视化等优点,受到用户的广泛欢迎。近年来,其出色的易用性和可扩展性也大大提高了 R 语言的知名度。同时,它也是一款优秀的数据挖掘工具,用户可以借助强大的第三方扩展包,实现各种数据挖掘算法落地。

1.8.2　Python 语言

Python 是由荷兰人吉多·范·罗苏姆(Guido van Rossum)于 20 世纪 90 年代初发明的,并在 1990 年首次上线。它是一款简单易学的编程类工具,同时,用 Python 语言编写的代码具有简洁性、易读性和易维护性等优点,受到了广大用户的青睐。其原本主要用于系统维护和网页开发,但随着大数据时代的到来,数据挖掘、机器学习、人工智能等技术越发热门,进而促使了 Python 进入数据科学的领域。Python 同样拥有五花八门的第三方模块,用户可以利用这些模块完成数据科学中的工作任务。例如,pandas、statsmodels、scipy 等模块用于数据处理和统计分析,Matplotlib、seaborn、bokeh 等模块实现数据的可视化功能，sklearn、PyML、keras、tensorflow 等模块实现数据挖掘、深度学习等操作。

1.8.3　Weka 平台

Weka 由新西兰怀卡托大学计算机系伊恩·麦克尤恩博士于 1992 年末起开发，并在 1996 年公开发布 Weka 2.1 版本。它是一款公开的数据挖掘平台，包含数据预处理、数据可视化等功能，以及各种常用的回归、分类、聚类、关联规则等算法。对于不擅长编程的用户，可以通过 Weka 的图形化界面完成数据分析或挖掘的工作内容。

1.8.4　SAS 软件系统

SAS 是由美国北卡罗来纳州大学开发的统计分析软件，当时主要是为了解决生物统计方面的数据分析。在 1976 年成立 SAS 软件研究所，经过多年的完善和发展，最终在国际上被誉为统计分析的标准软件，进而在各个领域广泛应用。SAS 由数十个模块构成，其中 Base 为核心模块，主要用于数据的管理和清洗；GHAPH 模块可以帮助用户实现数据的可视化；STAT 模块涵盖了所有的实用统计分析方法；EM 模块则是更加人性化的图形界面，通过拖拉拽的方式实现各种常规挖掘算法的应用。

1.8.5　SPSS 软件系统

SPSS 是世界上最早的统计分析软件，最初由斯坦福大学的三个研究生在 1968 年研发成功，并成立 SPSS 公司，而且在 1975 年成立了 SPSS 芝加哥总部。用户可以通过 SPSS 的界面实现数据的统计分析和建模、数据可视化及报表输出，简单的操作受到了众多用户的喜爱。除此之外，SPSS 还有一款 Modeler 工具，其前身是 Clementine，2009 年被 IBM 收购后，对其性能和功能做了大幅度的改进和提升。该工具充分体现了数据挖掘的各个流程。例如，数据的导入、清洗、探索性分析、模型选择、模型评估和结果输出，用户可基于界面化的操作完成数据挖掘的各个环节。

上面向读者介绍了五款较为常用的数据分析与挖掘工具，其中 R 语言、Python 和 Weka 都属于开源工具，读者不需要支付任何费用就可以从官网下载并安装使用；而 SAS 和 SPSS 则为商业软件，需要支付一定的费用方可使用。本书将基于开源的 Python 工具来讲解有关数据挖掘与分析方面的应用和实战。

1.9　数据挖掘与分析对财会工作的影响

1.9.1　工作挑战

首先，数据挖掘技术将使会计人员和会计部门的角色定位发生根本变化。当前，很多企业中的会计人员的主要工作还停留在核算层面，而不是监督、参与管理、理财等职能，也缺乏必要的数据收集与分析，导致会计的职能受到限制，没有完全发挥会计的作用。在数字经济时代背景下，数据挖掘技术的应用要求企业会计人员不仅需要熟练掌握会计核算，还需要精通理财、管理、数据分析、算法与设计，根据数据挖掘的结论做出有效评价，提供决策支持信息,逐渐转型为理财师、管理会计师、数据分析师和算法工程师等。与此同时,会计部门也随会计人员职能和角色的变化而逐渐成为大数据处理部门;数据分析和解释数据的能力将成为会计人员的必备技能,否则数据挖掘的结果难以支持决策。随之,会计学科向边缘学科转化的速度不断加快,与信息技术等学科交叉融合是会计学科和专业建设的必经之路,数学和数量统计成为会计专业教育的根基之一。会计工作内容将由主要处理常规经济业务(一般信息生成),转变为主要处理复杂经济业务(特殊信息生成)、数据分析(信息利用)和算法设计。

其次,确认的要素范围将扩展到数据资产和数据资本,也将更多地采用多维数据。随着时代的发展与企业业务的更新迭代,会计需要确认与计量的资产和资本已经悄然发生了变化,范围扩大到将大数据资源、资产等要素纳入其中。而数据挖掘的对象包括数字产品和大数据,使得企业更有效地获得真实可靠的数据。由此,企业掌握的数据规模、数据挖掘能力构成企业的核心竞争力和战略性资源,尤其是对于一些关键行业和以数字产品为主的电子商务企业。在这样的背景下,会计的主要工作将包含获取、传递、处理多维数据,而不仅局限于记录、传递、处理、分析、存储和利用的单维数据,会计人员将接触到更多企业数据,如时间点、间隔期、地区、渠道、货物摆放位置、商品关联度、用户分类等多维文本数据,这使得会计由处理传统的单维数据模式转向处理多维数据重构及多维数据分析,以实现更高程度的业财融合,为企业分析内外部环境的相关信息并做出相应决策提供帮助。

1.9.2　应用现状

在会计领域,数据挖掘主要应用在战略管理会计领域,实现经营环境分析、竞争能力分析、价值链分析、成本动因分析等,构建智能财务预警系统。以财务智能关键技术的形式发挥作用,即对经济活动所产生的原始数据进行抽取、清洗、加载等。如采取自定义数据抓取程序(网络爬虫技术),通过人工模拟搜索引擎功能来操作浏览器,利用网络空间自动获取各种数据信息,直至满足抓取程序所设定的停止要求。该抓取程序可获取的信息量大,但也可能充斥垃圾和噪声,准确度较差。数据挖掘技术颠覆了传统数据库技术,通过智能决策分析,探究企业庞大数据潜藏的数据关系,提高企业决策的科学性。目前,数据挖掘技术作用较为广泛,可以帮助管理会计人员精确计算企业的生产成本,优化企业生产配置;企业可以通过数据挖掘维系顾客关系、分析市场趋势并及时做出战略调整,预测存货与销量的优化组合等。

1.9.3　应用展望

相对于其他信息技术而言,数据挖掘技术对于会计人员仍然较为陌生,还需要企业、会计部门和会计人员学习、研究新技术,与企业具体业务在更高程度上融合,迎接数据挖掘技术带来的挑战。目前,国内外个别高校已经试点开设了会计学(大数据分析方向或商业与财务分析)专业硕士点,鼓励学生跨学科、跨专业学习,培养既精通会计专业知识,又能掌握信息技术、数据分析和算法设计等技能的综合人才;一些软件公司研发并推出了财务云或云会计等新产品。这些都是顺应会计发展和角色定位变化的现实要求,是会计转型的标志之一。

　　基于此，数字经济时代下，数据挖掘技术对会计的影响非常深远，会计人员和会计部门的角色定位发生根本改变，将分别转变为数据分析师、算法工程师和数据分析部门；会计确认的要素范围将扩展到数据资产和数据资本，会计人员所获取的单维数据也将转为多维数据；信息使用者将由单向信息传递的被动接受者变成双向信息互通的主动参与者。企业及会计人都将面临时代赋予的机遇与挑战。

习　题

1. 简述大数据对会计的影响。
2. 简述数据挖掘与分析对会计可能产生的影响。
3. 简述财务数据挖掘的流程。
4. 简述数据挖掘与分析的工具有哪些，它们分别可以解决什么问题？

第2章

数据获取与预处理

（1）掌握 CSV 文件的存取方法。

（2）熟悉缺失值处理过程。

（3）掌握相关性分析方法。

（4）熟悉数据标准化处理方法。

（5）熟悉主成分分析方法及过程。

　　移动互联网、物联网、大数据等新一代信息技术的高速发展，加速了数据时代的进程，推动了数据指数级增长。数据挖掘是运用一定算法，从当前海量数据中挖掘有价值的信息并发现之前未知有用模式的过程，是一门发展迅速的交叉学科。数据质量会直接影响数据挖掘的效果，因此，在利用数据进行挖掘建模前，需要获取数据并进行分析和预处理，以解决原始数据存在的数据不完整、不一致、数据异常等问题。本章将介绍数据类型以及数据获取和预处理过程。

2.1　数据类型

　　大数据领域主要包括三种数据类型：结构化数据、半结构化数据和非结构化数据。早期计算机主要处理结构化数据，但随着大数据等技术的发展，半结构化数据和非结构化数据也被广泛应用于数据挖掘。

2.1.1　结构化数据

　　结构化数据也称作行数据，是由二维表结构来进行逻辑表达和实现的数据，严格地遵循数据格式与长度规范，主要通过关系型数据库进行存储和管理，具体应用场景包括企业 ERP、财务系统、医疗 HIS 数据库、国泰安 CSMAR 以及万德 WIND 数据库等。结构化数据一般以行为单位，每一行数据代表一个实体信息，具有相同的属性。如表 2-1 所示。

表 2-1 结构化数据表

序号	姓名	年龄	性别
1	张三	27	男
2	李四	33	男
3	王五	21	男
4	赵六	48	女

数据特点：关系模型数据，关系数据库表示。

常见格式：MySQL、Oracle、SQL Server 等。

应用场合：数据库、系统网站、ERP 等。

数据采集：数据库导出、SQL 方式等。

结构化数据的存储和排列非常规律，便于查询、索引和修改，但扩展性较差。

2.1.2 半结构化数据

半结构化数据介于结构化数据和非结构化数据之间，比关系型数据库或其他以数据表形式关联起来的数据模型结构更加灵活，与普通纯文本相比又具有一定的结构性。半结构化数据的数据结构与内容混在一起，没有明显的区分，因此也称为自描述的结构。常见半结构化数据有 XML 和 JSON 等，以下为 XML 示例。

```
1  <person>
2    <name>A</name>
3    <age>13</age>
4    <gender>female</gender>
5  </person>
```

数据特点：非关系模型数据，有一定的格式。

常见格式：Email、HTML、XML、JSON 等。

应用场合：邮件系统、档案系统、新闻网站等。

数据采集：网络爬虫、数据解析等。

在半结构化数据中属性的个数并不确定，如存储员工的简历。每个员工的简历大不相同：有的员工的简历很简单，比如只包括教育情况；有的员工的简历却很复杂，比如包括工作情况、婚姻情况、出入境情况、户口迁移情况、党籍情况、技术技能等。可以看出，半结构化数据可以表达多种有用信息，并具有良好的扩展性。

2.1.3 非结构化数据

非结构化数据就是没有固定结构的数据，如各种文档、图片、视频/音频等都属于非结构化数据，一般以二进制的格式整体进行存储。非结构化数据如图 2-1 所示。

数据特点：没有固定格式的数据。

常见格式：文本、PDF、PPT、图片、音频、视频等。

应用场合：人脸识别、文本分析、医疗影像分析等。

数据采集：网络爬虫、数据存档等。

大数据时代，非结构化数据扮演着越来越重要的角色，但比结构化数据更难实现标准化，其数据的存储、检索、发布以及利用需要更加智能化的信息技术。

音频　　　　图像

Four scores and seven years ago…

Text

图 2-1　非结构化数据

2.2　数据获取

在进行数据挖掘和数据分析时，首先要解决的问题是如何将数据加载到 Python 中。不同的数据来源有不同的处理方法，下面进行详细介绍。

2.2.1　文件存取

1. 文件概述

文件是存储在辅助存储器上的数据序列，是数据的集合和抽象，可以包含任何数据内容，它通常有两种类型：文本文件和二进制文件。

文本文件一般是由单一特定编码的字符组成的，如 UTF-8 编码，内容容易统一展示和阅读，可以看作是存储在磁盘上的长字符串，如 txt 格式的文本文件。二进制文件直接由比特 0 和比特 1 组成，没有统一字符编码，文件内部数据的组织格式与文件用途有关，例如 png 格式的图片文件、avi 格式的视频文件。

文本文件和二进制文件最主要的区别在于是否有统一的字符编码。二进制文件由于没有统一字符编码，只能当作字节流，而不能看作是字符串。无论文件创建为文本文件还是二进制文件，都可以用"文本文件方式"和"二进制文件方式"打开，但打开后的操作不同。

【实例 2-1】理解文本文件和二进制文件的区别。

首先，生成一个 txt 格式的文本文件，内容是"实现中华民族伟大复兴"，命名为"2.1.txt"。分别用文本文件方式和二进制文件方式读入，并打印输出效果，代码如下。

```
textFile = open("2.1.txt","rt") #t 表示文本文件方式
print(textFile.readline())
textFile.close()
binFile = open("2.1.txt","rb") #b 表示二进制文件方式
print(binFile.readline())
textFile.close()
```

输出结果为

实现中华民族伟大复兴
b'\xca\xb5\xcf\xd6\xd6\xd0\xbb\xaa\xc3\xf1\xd7\xe5\xce\xb0\xb4\xf3\xb8\xb4\xd0\xcb'

可以看到，采用文本方式读入文件，文件经过编码形成字符串，打印出有含义的字符；采用二进制方式打开文件，文件被解析为字节流。由于存在编码，字符串中的一个字符由两个字节表示。

2. 文件的打开关闭

Python 对文本文件和二进制文件采用统一的操作步骤，即"打开—操作—关闭"，如图 2-2 所示。操作系统中的文件默认处于存储状态，首先需要将其打开，使得当前程序有权操作这个文件，打开不存在的文件可以创建文件。打开后的文件处于占用状态，此时，另一个进程不能操作这个文件。可以通过一组方法读取文件的内容或向文件写入内容，此时，文件作为一个数据对象存在，采用<a>.<b>()方式进行操作。操作之后需要将文件关闭，关闭将释放对文件的控制，使文件恢复存储状态，此时，另一个进程将能够操作这个文件。

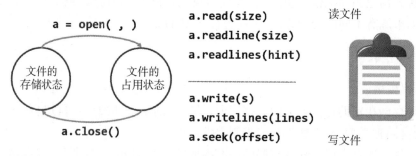

图 2-2　文件的状态和操作过程

Python 通过 open() 函数打开一个文件，并实现该文件与一个程序变量的关联，格式如下：

<变量名> = open(<文件名>,<打开模式>)

open() 函数有两个参数：文件名和打开模式。文件名可以是文件的实际名字，也可以是包含完成路径的名字。打开模式用于控制使用何种方式打开文件，open() 函数提供了 7 种基本打开模式，如表 2-2 所示。

表 2-2　文件的打开模式

文件打开模式	描　　述
'r'	只读模式，默认值，如果文件不存在，返回 FileNotFoundError
'w'	覆盖写模式，文件不存在则创建，存在则完全覆盖
'x'	创建写模式，文件不存在则创建，存在则返回 FileExistsError
'a'	追加写模式，文件不存在则创建，存在则在文件最后追加内容
'b'	二进制文件模式
't'	文本文件模式，默认值
'+'	与 r/w/x/a 一同使用，在原功能基础上增加同时读写功能

打开模式使用字符串方式表示，根据字符串定义，单引号或者双引号均可。上述打开模式中，'r' 'w' 'x' 'a' 可以与 'b' 't' '+' 组合使用，形成既表达读写又表达文件模式的方式。例如，open() 函数默认采用 'rt'（文本只读）模式，而读取一个二进制文件，如一张图片、一段视频，需要使用文件打开模式 'rb'。例如，打开一个名为 music. mp3 的音频文

件,即

> benfile = open('music. mp3', 'rb')

文件使用结束后,需用 close()方法关闭,释放文件的使用授权,该方法的使用方式为

> <变量>. close()

3. 文件的读写

当打开文件后,根据打开方式的不同,可以对文件进行相应的读写操作。当文件以文本方式打开时,读写按照字符串方式,采用计算机使用的编码或指定编码;当文件以二进制方式打开时,读写按照字节流方式。Python 常用的 3 种文件内容读取方法如表 2-3 所示。

表 2-3 文件内容读取方法

操作方法	描 述
<f>. read(size=-1)	读入全部内容,如果给出参数,读入前 size 长度
<f>. readline(size=-1)	读入一行内容,如果给出参数,读入该行前 size 长度
<f>. readlines(hint=-1)	读入文件所有行,以每行为元素形成列表,如果给出参数,读入前 hint 行

【实例2-2】文本文件逐行打印。

用户输入文件路径,以文本文件方式读入文件内容并逐行打印,代码如下。

```
fname = input("请输入要打开的文件名称:")
fo = open(fname,"r")
for line in fo. readlines():
    print(line)
fo. close()
```

程序首先提示用户输入一个文件名,然后打开文件并赋值给文件对象变量 fo。文件的全部内容通过 fo. readlines()方法读入到一个列表中,列表的每个元素是文件一行的内容,然后通过 for-in 方式遍历列表,处理每行内容。

Python 提供了 3 个与文件内容写入有关的方法,如表 2-4 所示。

表 2-4 文件内容写入方法

操作方法	描 述
<f>. write(s)	向文件写入一个字符串或字节流
<f>. writelines(lines)	将一个元素全为字符串的列表写入文件
<f>. seek(offset)	改变当前文件操作指针的位置,offset 含义如下: 0—文件开头;1—当前位置;2—文件结尾

【实例2-3】向文件写入一个列表。

向文件写一个列表类型，并打印输出结果，代码如下。

```
fo = open("output. txt","w+")
ls = ["中国", "法国", "美国"]
fo. writelines(ls)
for line in fo:
    print(line)
fo. close()
```

程序执行结果为

>>>

可以看到，执行程序后，没有输出写入的列表内容，但在计算机中 Python 的工作目录下，找到 output. txt 文件，打开后可以看到"中国法国美国"的内容。

列表内容被写入文件，但为何没有把这些内容打印出来呢？这是因为文件写入内容后，当前文件操作指针在写入内容的后面，打印指令从指针开始向后读入并打印内容，被写入的内容却在指针前面，因此未能被打印出来。要解决这个问题，可以在写入文件后增加一条代码 fo. seek(0)，使文件操作指针返回到文件开始，即可显示写入的内容，代码如下。

```
fo = open("output. txt","w+")
ls = ["中国", "法国", "美国"]
fo. writelines(ls)
fo. seek(0)
for line in fo:
    print(line)
fo. close()
```

程序执行结果为

中国法国美国

需要注意的是，fo. writelines()方法并不在列表后面增加换行，而是将列表的内容直接排列输出。

2.2.2 CSV 文件存取

上一节介绍的是基本的文件读写操作，但是在实际工作中，需要用更加丰富的存储格式来提高效率。在数据的获取中，首选的存储格式是 CSV。

CSV(comma-separated values)，中文通常叫作逗号分隔值，是一种国际通用的一维、二维数据存储格式，其对应文件的扩展名为. csv，可使用 Excel 软件直接打开。CSV 文件中每一行对应一组一维数据,其中各数据元素之间用英文半角逗号分隔;CSV 文件中的多行形成了一组二维数据,即二维数据由多个一维数据组成。

Python 是自带 CSV 模块的,但通常并不使用,因为有更好的方法进行 CSV 文件的读取,最常用的就是 pandas 库。使用 pandas 库可以直接读取 CSV 文件,并将其保存为 Series 和 DataFrame。在进行一系列操作之后,只需要简单几行代码就可以保存文件。

1. CSV 文件的读取

使用 pandas 库的 read_csv()函数,能够非常简单地读取 CSV 文件;改变函数的相应参数,还可以实现读取指定内容等功能。

【实例 2-4】读取一个 CSV 文件。

读取存储在计算机中 Python 工作目录下的 2.4. csv 文件,内容为

代号,体重,身高

A, 65, 178

B, 70, 177

C, 64, 175

D, 67, 175

代码为

```
import pandas as pd
df = pd. read_csv("2. 4. csv")
print(df)
```

程序执行结果为

```
   代号   体重    身高
0   A    65    178
1   B    70    177
2   C    64    175
3   D    67    175
```

由以上结果可以看出,代码、体重和身高都作为 DataFrame 的数据进行了读取,而索引是系统自动生成的 0,1,2,3。如果想把代号作为索引进行读取,则执行如下操作:

```
import pandas as pd
df = pd. read_csv("2. 4. csv", index_col="代号")
print(df)
print(df. index. name)
```

程序执行结果为

```
代号 体重    身高

A    65      178
B    70      177
C    64      175
D    67      175
df.index.name: 代号
```

可以看出，代号已经成为数据文件的索引。

2. CSV 文件的存储

如果在程序中生成了一些数据，需要保存到计算机中，就用到了文件的存储。文件存储有多种形式，CSV 文件是比较常用而且方便的一种方式，使用 pandas 库中的 to_csv() 函数进行存储。

【实例 2-5】存储一个 CSV 文件。

经 Python 中的数据文件存储为计算机中 Python 工作目录下的 2.5.csv 文件，执行如下操作。

```python
import pandas as pd

#生成一些数据

data = {"A":[1,2,3],"B":[4,5,6]}
df = pd.DataFrame(data)    #将字典转化为 dataframe 格式
print(df)

#存储为 csv 文件
df.to_csv("2.5.csv")
```

此时，程序已经生成了 CSV 文件 2.5.csv，打开进行检查，如下所示。

```
,A,B
0,1,4
1,2,5
```

可以看到，当前数据已经正确存储。如果不想要前面的索引，可以在 to_csv() 函数中设置 index 参数为 None，执行程序代码如下。

```python
#存储为 csv 文件
df.to_csv("2.5.csv", index=None)
```

此时,再次查看生成的文件,显示为

```
A,B
1,4
2,5
```

CSV 文件的读取和存储还有许多参数和用法,可以通过查看帮助文档进行了解和测试。同样,Excel 生成的 xls 文件和 xlsx 文件可以用 pandas 库的 read_excel()函数和 to_excel()函数用类似的方法进行读取。

2.2.3　网络爬虫

大数据时代,还有一种重要的数据来源,就是网络数据。通过网络爬虫技术,可以从网站上获取数据信息。该方法可以将半结构化数据、非结构化数据从网页中抽取出来,将其存储为统一的本地数据,支持图片、音频、视频等数据采集。

1. 爬虫简介

什么是网络爬虫呢？网络爬虫(web crawler)也称为网络蜘蛛(web spider),是在万维网浏览网页并按照一定规则提取信息的脚本或程序。一般浏览网页时,用户首先向网站服务器发起请求,网站对用户请求进行信息检验后,没有问题则返回用户请求的网页信息,出现问题则返回报错信息。

利用网络爬虫爬取信息就是模拟这一过程。用脚本模仿浏览器,向网站服务器发出浏览网页内容的请求,在服务器检验成功后,返回网页的信息,然后解析网页并提取需要的数据,最后将提取得到的数据保存即可。

Python 中常用于网络爬虫的库有 Requests 库、Scrapy 库等。它们有着各自的使用范围,具体如图 2-3 所示。

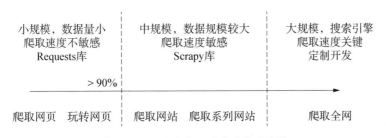

图 2-3　网络爬虫不同库的使用范围

由图 2-3 可以看出,在进行网页内容爬取时,使用 Requests 库即可满足要求。因此,本部分将利用 Requests 库进行网页内容爬取。

2. 数据抓取

在利用网络爬虫进行数据爬取时,使用 Requests 库发起请求。Requests 是一个优雅而简单的 Python HTTP 库,使用方式非常简单、直观、人性化,可让使用者的精力完全从库的使用中解放出来。Requests 的官方文档同样非常完善详尽，英文文档地址为 http://docs. python-requests. org/en/master/api/。

但利用网络爬虫会带来以下问题：Web 服务器默认接收人类访问，受限于编写水平和目的，网络爬虫将会为 Web 服务器带来巨大的资源开销，造成服务器压力过大，可能使得网页速度变慢，影响网站的正常运行；服务器上的数据有产权归属尚不明确，网络爬虫获取数据后牟利将带来法律风险；网络爬虫可能具备突破简单访问控制的能力，获得被保护数据，从而泄露个人隐私。

因此，网站通常会利用两种方式对网络爬虫进行限制。一是检查来访 HTTP 协议头的 User-Agent 域（相当于身份识别），来判断发起请求的是不是机器人，只响应浏览器或友好爬虫的访问。二是网站会发布 Robots 协议，告知所有爬虫网站允许的爬取策略和内容，要求爬虫遵守。例如，百度 Robots 协议可以通过 www. baidu. com/robots. txt 进行查看。

由于网络爬虫内容较多，本部分只结合案例简单介绍网页内容的爬取。Requests 库有 7 个主要方法，如表 2-5 所示。

表 2-5 Requests 库的 7 个主要方法

操作方法	描 述
requests. request()	构造一个请求，支撑以下各方法的基础方法
requests. get()	获取 HTML 网页的主要方法，对应于 HTTP 的 GET
requests. head()	获取 HTML 网页头信息的方法，对应于 HTTP 的 HEAD
requests. post()	向 HTML 网页提交 POST 请求的方法，对应于 HTTP 的 POST
requests. put()	向 HTML 网页提交 PUT 请求的方法，对应于 HTTP 的 PUT
requests. patch()	向 HTML 网页提交局部修改请求，对应于 HTTP 的 PATCH
requests. delete()	向 HTML 页面提交删除请求，对应于 HTTP 的 DELETE

其中，requests. get()是获取网页数据的核心函数。

【实例 2-6】获取网页数据。

以京东为例，爬取网页数据，代码如下。

```
import requests

url = "https://www. jd. com"
data = requests. get(url)
print(data. text)
```

运行结果（截取部分内容）为

```
<!DOCTYPE html>
<html>

<head>
    <meta charset="utf8" version='1'/>
    <title>京东(JD.COM)-正品低价、品质保障、配送及时、轻松购物! </title>
    <meta name="viewport" content="width=device-width, initial-scale=1.0, maximum-scale=1.0, user-
scalable=yes"/>
    <meta name="description"
          content="京东JD.COM-专业的综合网上购物商城,销售家电、数码通信、电脑、家居百货、服装服饰、母婴、图书、
食品等数万个品牌优质商品.便捷、诚信的服务,为您提供愉悦的网上购物体验!"/>
    <meta name="Keywords" content="网上购物,网上商城,手机,笔记本,电脑,MP3,CD,VCD,DV,相机,数码,配件,手表,存储
卡,京东"/>
    <script type="text/javascript">
        window.point = {}
        window.point.start = new Date().getTime()
    </script>
```

其中,url（uniform resource locator）叫作统一资源定位器,是因特网的万维网（WWW）服务程序上用于指定信息位置的表示方法,每一信息资源都有统一的且在网上唯一的地址即 url。在本例中,利用 Requests 库的 get 方法,向此 url（京东首页）发起请求,并将服务器返回的内容存入变量 data。网络上爬取的数据格式多种多样,常用的有 JSON、HTML/XML、YAML 等。不同的数据格式有不同的解析方式,具体数据解析过程将在后续案例中进行讲解。

2.3 数据质量分析与清洗

在收集到初步的样本数据后,接下来要考虑的问题是,样本数据集的数量和质量是否满足模型构建的要求？ 只有数据质量得到保障,才能使数据挖掘分析结论具有准确性和有效性,所以首先要对数据进行质量分析和清洗。

2.3.1 数据质量分析

数据质量分析是数据挖掘中数据准备过程的重要一环,是数据预处理的前提。没有可信的数据,数据挖掘构建的模型将是空中楼阁。数据质量分析的主要任务是检查原始数据中是否存在脏数据。脏数据一般是指不符合要求以及不能直接进行相应分析的数据,常见的脏数据包括缺失值、异常值、不一致的值、重复数据及含有特殊符号（如♯、¥、＊）的数据等。本节将主要对数据中的缺失值、异常值和一致性进行分析。

1. 缺失值

数据的缺失主要包括记录的缺失和记录中某个字段信息的缺失,两者都会造成分析结果不准确。下面从缺失值产生的原因及影响等方面展开研究。

1）缺失值产生的原因

缺失值产生的原因主要有以下 3 点。

（1）有些信息暂时无法获取,或者获取信息的代价太大。

（2）有些信息是被遗漏的。可能是因为输入时认为该信息不重要、忘记填写或对数据理解错误等一些人为因素而遗漏,也可能是由于数据采集设备故障、存储介质故障、传输媒体故障等非人为原因而丢失。

（3）属性值不存在。在某些情况下，缺失值并不意味着数据有错误。对一些对象来说，某些属性值是不存在的，如一个未婚者的配偶姓名、一个儿童的固定收入等。

2）缺失值的影响

缺失值会产生以下的影响。

（1）数据挖掘建模将丢失大量的有用信息。

（2）数据挖掘模型所表现出的不确定性更加显著，模型中蕴含的规律更难把握。

（3）包含空值的数据会使建模过程陷入混乱，产生不可靠的输出。

3）缺失值的分析

对缺失值的分析主要从以下两方面进行。

（1）使用简单的统计分析，可以得到含有缺失值属性的个数以及每个属性的未缺失数、缺失数与缺失率等。

（2）对于缺失值的处理，从总体上来说分为删除缺失值的记录、对可能只进行插补和不处理 3 种情况。

2. 异常值分析

异常值分析是检验数据是否有录入错误，是否含有不合常理的数据。忽视异常值的存在是十分危险的，不加剔除地将异常值放入数据的计算分析过程中，会对结果造成不良影响；重视异常值的出现，分析其产生的原因，常常成为发现问题进而改进决策的契机。

异常值是指样本中的个别值，其数值明显偏离其他观测值。因此，异常值也被称为离群点，异常值分析也称为离群点分析。

1）简单统计量分析

在进行异常值分析时，可以先对变量做一个描述性统计，进而查看哪些数据是不合理的。最常用的统计量是最大值和最小值，用来判断这个变量的取值是否超出了合理范围。如客户年龄的最大值为 199 岁，则判断该变量的取值存在异常。

2）3σ 原则

如果数据服从正态分布，在 3σ 原则下，定义异常值为一组测定值中与平均值的偏差超过 3 倍标准差的值。在正态分布的假设下，距离平均值 3σ 之外的值出现的概率为 $P(|x-\mu|>3\sigma)\leqslant 0.003$，属于极个别的小概率事件。如果数据不服从正态分布，也可以用远离平均值的标准差倍数来描述。

3）箱型图分析

箱型图提供了识别异常值的一个标准：通常定义异常值为小于 $(Q_L - 1.5\text{IQR})$ 或大于 $(Q_U + 1.5\text{IQR})$ 的值。Q_L 称为下四分位数，表示全部观察值中有 1/4 的数据取值比它小；Q_U 称为上四分位数，表示全部观察值中有 1/4 的数据取值比它大；IQR 称为四分位数间距，是上四分位数 Q_U 与下四分位数 Q_L 之差，其间包含了全部观察值的一半。

箱型图依据实际数据绘制，对数据没有任何限制性要求（如服从某种特定的分布形式）。一方面，它只是真实直观地表现数据分布的本来面貌；另一方面，箱型图判断异常值的标准以四分位数和四分位距为基础，四分位数具有一定的鲁棒性，多达 25% 的数据可以变得任意远而不会严重扰动四分位数，所以异常值不能对这个标准施加影响。由此可见，箱型图识别异常值的结果比较客观,在识别异常值方面有一定的优越性,如图 2-4 所示。

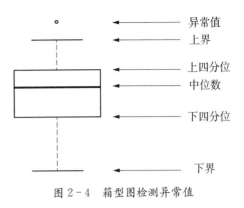

图 2-4 箱型图检测异常值

【实例 2-7】餐饮系统销售数据质量分析。

分析餐饮系统日销额数据可以发现,其中有部分数据是缺失的,但是如果数据记录和属性较多,使用人工分辨的方法就不切实际,所以这里需要编写程序来检测出含有缺失值的记录和属性以及缺失率个数和缺失率等。

在 Python 的 pandas 库中,只需要读入数据,然后使用 describe() 函数即可查看数据的基本情况,代码如下所示。

```python
import pandas as pd
catering_sale = './data/catering_sale.xls'   # 工作目录 data 文件夹下的餐饮数据
data = pd.read_excel(catering_sale, index_col = '日期')   # 指定"日期"为索引列
print(data.describe())
```

程序运行结果为

```
                销量
count    200.000000
mean    2755.214700
std      751.029772
min       22.000000
25%     2451.975000
50%     2655.850000
75%     3026.125000
max     9106.440000
```

其中,count 是非空值数,通过 len(data) 可以知道数据记录为 201 条,因此缺失值数位 1。另外,提供的基本参数还有平均值(mean)、标准差(std)、最小值(min)、最大值(max)以及 1/4、1/2、3/4 分位数(25%、50%、75%)。更直观地展示这些数据并且可以检测异常值的方法是使用箱型图。其 Python 检测代码如下所示。

```python
import matplotlib.pyplot as plt   # 导入图像库
plt.rcParams['font.sans-serif'] = ['SimHei']   # 用来正常显示中文标签
plt.rcParams['axes.unicode_minus'] = False   # 用来正常显示负号

plt.figure()   # 建立图像
```

```
p = data. boxplot(return_type='dict')   # 画箱型图

x = p['fliers'][0]. get_xdata()   # 'flies' 即为异常值的标签
y = p['fliers'][0]. get_ydata()

'''
用 annotate 添加注释
其中有些相近的点,注解会出现重叠,难以看清,需要一些技巧来控制
以下参数都是经过调试的,需要具体问题具体调试。
'''
for i in range(len(x)):
    if i>0:
        plt. annotate(y[i],xy = (x[i],y[i]), xytext=(x[i]+0.05 −0.8/(y[i]−y[i−1]),y[i]))
    else:
        plt. annotate(y[i], xy = (x[i],y[i]), xytext=(x[i]+0.08,y[i]))

plt. show()   # 展示箱型图
```

程序运行结果如图 2-5 所示。

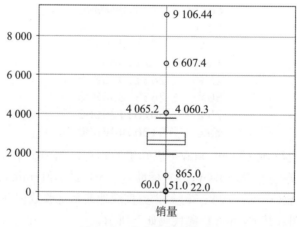

图 2-5　异常值检测箱型图

从图 2-5 可以看出,箱型图中超过上下界的 8 个日销售额数据可能为异常值。结合具体业务,可以把 865.0、4 060.3、4 065.2 归为正常值,将 22.0、51.0、60.0、6 607.4、9 106.44 归为异常值。最后确定过滤规则为日销额在 400 元以下或 5 000 元以上属于异常值,编写过滤程序,进行后续处理。

3. 一致性分析

数据不一致是指数据的矛盾性、不相容性。直接对不一致的数据进行挖掘,可能会产生与实际相违背的挖掘结果。

不一致数据的产生主要发生在数据集成的过程中,可能是由于被挖掘数据来自不同的数据源,或者对于重复存放的数据未能进行一致性更新造成的。例如,两张表格中都存储了用户的电话号码,但在用户的电话号码改变时只更新了一张表格中的数据,那么这两张表格就产生了不一致的数据。

2.3.2 数据清洗

对数据进行质量分析后,就需要进一步进行数据清洗,主要是删除原始数据集中的无关数据、重复数据,平滑噪声数据,筛选掉与挖掘主题无关的数据,处理缺失值、异常值等。

1. 缺失值处理

处理缺失值的方法可以分为 3 类,即删除记录、数据插补和不处理。

如果简单删除小部分记录就能达到既定的目标,那么删除含有缺失值的记录这种方法是非常有效的。然而,这种方法存在较大的局限性。它是以减少历史数据来换取数据的完备,会造成资源大量浪费,丢弃了隐藏在这些记录中的信息。尤其是在数据量较少的情况下,删除少量数据就可能严重影响分析结果的客观性和正确性。

在数据挖掘过程中,常用的数据插补方法如表 2-6 所示,本节重点介绍均值插补法和拉格朗日插值法。

表 2-6 常用的数据插补方法

操作方法	描　述
均值/中位数/众数插补法	根据属性值的类型,用该属性取值的均值/中位数/众数插补法
使用固定值	将缺失的属性值用一个常量替换。如广州一个工厂外来务工人员"基本工资"属性缺失,可以用 2020 年广州市普通外来务工人员工资标准这个固定值代替
最近临插补法	在记录中找到与缺失样本最接近样本的该属性值
回归方法	根据已有数据和与其相关的其他变量数据,建立拟合模型来预测缺失的属性值
插值法	利用已知点建立合适的插值函数 $f(x)$,未知值由对应点 x_i 求出的函数值 $f(x_i)$ 近似代替

1)均值插补法

均值插补法较为简单,其过程为求出所有非空值属性的平均值,并利用平均值对空值进行插补。

【实例 2-8】均值插补法。

首先对餐饮系统销售数据进行异常值检测,将异常值变为空值,然后用均值对空值进行插补。

```
import pandas as pd    ♯ 导入数据分析库 Pandas

inputfile = './data/catering_sale.xls'    ♯ 销量数据路径
outputfile = './tmp/sales.xls'    ♯ 输出数据路径

data = pd.read_excel(inputfile)    ♯ 读入数据
data[u'销量'][(data[u'销量'] < 400) | (data[u'销量'] > 5000)] = None
♯ 过滤异常值,将其变为空值

mean = data['销量'].mean()

♯ 逐个元素判断是否需要插值
for i in data.columns:
    for j in range(len(data)):
        if (data[i].isnull())[j]:    ♯ 如果为空即插值。
            data[i][j] = mean

data.to_excel(outputfile)    ♯ 输出结果,写入文件
```

程序运行后,对比插值前后的数据如表 2-7 所示(摘取部分数据)。

表 2-7　插值前后的数据对比(均值插补法)

日期	销量(原值)	销量(插补后的值)
2015/3/1	51	2 744.6
2015/2/14		2 744.6

经异常值检测发现,2015 年 3 月 1 日的数据(原值)是异常值(数据小于 400),所以把该数据定义为缺失值,2015 年 2 月 14 日也为缺失值,两者都用均值进行插补。

2) 拉格朗日插值法

根据数学知识可知,对于空间上已知的 n 个点可以找到一个 $n-1$ 次多项式 $y=a_0+a_1x+a_2x^2+\cdots+a_{n-1}x^{n-1}$,使此多项式曲线经过这 n 个点。

首先需要求过 n 个点的 $n-1$ 次多项式为

$$y=a_0+a_1x+a_2x^2+\cdots+a_{n-1}x^{n-1} \tag{2-1}$$

将 n 个点的坐标 (x_1,y_1), (x_2,y_2), $\cdots$, (x_n,y_n) 代入多项式函数,可得

$$\begin{cases} y_1=a_0+a_1x_1+a_2x_1^2+\cdots+a_{n-1}x_1^{n-1} \\ y_2=a_0+a_1x_2+a_2x_2^2+\cdots+a_{n-1}x_2^{n-1} \\ y_n=a_0+a_1x_n+a_2x_n^2+\cdots+a_{n-1}x_n^{n-1} \end{cases} \tag{2-2}$$

即得拉格朗日插值多项式为

$$y = y_1 \frac{(x-x_2)(x-x_3)\cdots(x-x_n)}{(x_1-x_2)(x_1-x_3)\cdots(x_1-x_n)} +$$

$$y_2 \frac{(x-x_1)(x-x_3)\cdots(x-x_n)}{(x_2-x_1)(x_2-x_3)\cdots(x_2-x_n)} + \cdots +$$

$$\hspace{2cm} (2-3)$$

$$y_n \frac{(x-x_1)(x-x_2)\cdots(x-x_{n-1})}{(x_n-x_1)(x_n-x_2)\cdots(x_n-x_{n-1})}$$

$$= \sum_{i=0}^{n} y_i \left(\prod_{i=0,j\neq 1}^{n} \frac{x-x_i}{x_i-x_j} \right)$$

然后将缺失函数值对应点的 x 代入插值多项式,得到缺失值的近似值 $L(x)$。

【实例 2-9】拉格朗日插值法。

首先对餐饮系统销售数据进行异常值判断,将异常值变为空值,然后用拉格朗日插值法对空值进行插补,使用缺失值前后各 5 个未缺失的数据参与建模,代码如下所示。

```
import pandas as pd    # 导入数据分析库 Pandas
from scipy. interpolate import lagrange    # 导入拉格朗日插值函数

inputfile = './data4/catering_sale. xls'    # 销量数据路径
outputfile = './tmp/sales. xls'    # 输出数据路径

data = pd. read_excel(inputfile)    # 读入数据
data[u' 销量 '][(data[u' 销量 '] < 400) | (data[u' 销量 '] > 5000)] = None
# 过滤异常值,将其变为空值

# 自定义列向量插值函数
# s 为列向量,n 为被插值的位置,k 为取前后的数据个数,默认为 5
def ployinterp_column(s, n, k=5):
    y = s[list(range(n-k, n)) + list(range(n+1, n+1+k))]    # 取数
    y = y[y. notnull()]    # 剔除空值
    return lagrange(y. index, list(y))(n)    # 插值并返回插值结果

# 逐个元素判断是否需要插值
for i in data. columns:
    for j in range(len(data)):
        if (data[i]. isnull())[j]:    # 如果为空即插值。
            data[i][j] = ployinterp_column(data[i], j)
```

```
data. to_excel(outputfile)    ♯ 输出结果,写入文件
```

程序运行后,对比插值前后的数据如表 2-8 所示(摘取部分数据)。

表 2-8　插值前后的数据对比(拉格朗日插值法)

日期	销量(原值)	销量(插补后的值)
2015/2/21	6 607. 4	4 275. 3
2015/2/14		4 156. 9

经异常值检测发现,2015 年 2 月 21 日的数据(原值)是异常值(数据大于 5 000),所以把该数据定义为缺失值,2015 年 2 月 14 日也为缺失值,两者都用拉格朗日插值法进行插补,结果分别为 4 275.3 和 4 156.9。这两天为周末,而周末的销售额一般要比周一~周五多,所以插值结果符合实际情况。

2. 异常值处理

在数据处理时,异常值是否剔除需视具体情况而定,因为有些异常值可能是有用的信息,异常值处理的常用方法如表 2-9 所示。

表 2-9　异常值处理的常用方法

异常值处理方法	方法描述
删除含有异常值的记录	直接将含有异常值的记录删除
视为缺失值	将异常值视为缺失值,利用缺失值处理的方法进行
平均值修正	可用前后两个观测值的平均值修正该异常值
不处理	直接在具有异常值的数据集上进行挖掘建模

将含有异常值的记录直接删除,这种方法简单易行,但缺点也很明显,在观测值较少的情况下,直接删除会造成样本量不足,可能会改变变量的原有分布,从而造成结果不准确。

很多情况下,要先分析异常值出现的可能原因,再判断异常值是否应该舍弃。如果是正确的数据,可以直接在具有异常值的数据集上进行挖掘建模。

3. 重复值处理

重复值是指部分数据重复出现,从而造成数据挖掘结果不准确。重复值处理较为简单,直接去除即可。

【实例 2-10】去除重复值。

构造一个 DataFrame,其中部分数据重复,使用 drop_duplicates()函数去除,代码如下所示。

```
import pandas as pd
df = pd. DataFrame({'A':[1,1,2,2], 'B':[3,3,4,4})
print(df)
df. drop_duplicates()
```

运行结果为

```
In [4]: print(df)
   A  B
0  1  3
1  1  3
2  2  4
3  2  4

In [5]:
df.drop_duplicates()
Out[5]:
   A  B
0  1  3
2  2  4
```

此外,还可以根据需要去除一些无关的列变量,因为它们对数据分析不起作用,也就是冗余数据。例如,在进行用户评论分析时,用户 ID 即为冗余信息。可以利用 drop()函数直接删除某列。执行代码如下。

```
import pandas as pd
df = pd. DataFrame({'A':[1,1,2,2], 'B':[3,3,4,4]})
print(df)
df. drop('B', axis=1)
```

运行结果为

```
   A
0  1
1  1
2  2
3  2
```

2.4　数据特征分析

在完成数据清洗之后,需要对数据集进行深入了解,检验属性间的相互关系,确定观察对象感兴趣的子集。本节将通过绘制图表、计算某些特征量的方法,对数据特征进行分析。

2.4.1　统计量分析

用统计指标对定量数据进行统计描述,常从集中趋势和离中趋势两个方面进行分析。

1. 集中趋势分析

给定一个数值型数据集合,很多时候需要给出这个集合中数据集中程度的概要信息。数据集中趋势是指这组数据向某一中心值靠拢的程度,它反映了一组数据中心点的位置所在。在中心点附近的数据数量较多，而在远离中心点的位置数据数量较少。对数据的集中趋势进行描述就是寻找数据的中心值或代表值。这个概要信息可用来代表集合中所有的数据，并能刻画它们共同的特点。因此用概要信息来表达整个数据集合具有更高的效率。下面介绍几种常用的表示数据集中趋势的度量。

1）均值

均值又称为算术平均数，是我们最早接触的一个概要性信息，是概括一个数值型数据集合简单而又实用的指标。虽然简单，但其在数据分析与挖掘过程中的应用还是很广泛的。例如知道了几个班级考试成绩的算术平均分，就可以大致了解各个班级的学习情况。

如果求 n 个原始观察数据的平均数，计算公式为

$$\text{mean}(x) = \bar{x} = \frac{\sum x_i}{n} \tag{2-4}$$

有时，为了反映在均值中不同成分的重要程度，为数据集中的每一个 x_i 赋予权重 w_i，这就得到了加权均值的计算公式为

$$\text{mean}(x) = \bar{x} = \frac{\sum w_i x_i}{\sum w_i} = \frac{w_1 x_1 + w_2 x_2 + \cdots + w_n x_n}{w_1 + w_2 + \cdots + w_n} \tag{2-5}$$

作为一个统计量，均值的缺点也很明显，容易受到集合中极端值或离群点的影响。例如某个班级里面有少数同学的成绩过低，拉低了平均分，从而造成班级整体成绩不好的假象，因此还需要引入更多描述数据集中趋势的度量。

2）中位数

在一个数据集合中，中位数是按一定顺序排列后处于中间位置上的数据，它是唯一的。中位数由位置确定，是典型的位置平均数。

假设数据集合 $\{X\}$ 中有 n 个数，把这些数从小到大排列，当 n 为奇数时，中位数是 $x_{\left(\frac{n+1}{2}\right)}$；当 n 为偶数时，中位数是 $\frac{1}{2}\left(x_{\left(\frac{n}{2}\right)} + x_{\left(\frac{n+1}{2}\right)}\right)$。

中位数比算术平均数对于离群点的敏感性要低。当数据集合的分布呈现偏斜的时候，采用中位数作为集中趋势的度量更加有效。

3）众数

数据呈现多峰分布的时候，中位数也不能有效地描述集中趋势，这时可以采用众数，也就是在集合中出现最多的数据。众数还可以用于分类数据。

当数据的数量较大并且集中趋势比较明显的时候，众数更适合作为描述数据代表性水平的度量。有的数据无众数或有多个众数。

2. 离中趋势分析

与描述数据集中趋势的度量相反，数据离中趋势是指在一个数据集合中各个数据偏离中心点的程度，是对数据间的差异状况进行的描述分析。

1）极差

$$极差 = 最大值 - 最小值$$

极差对数据集的极端值非常敏感,并且忽略了位于最大值与最小值之间的数据是如何分布的。

2) 标准差

标准差度量数据偏离均值的程度,计算公式为

$$s = \sqrt{\frac{\sum (x_i - \bar{x})^2}{n}} \tag{2-6}$$

3) 变异系数

变异系数度量标准差相对于均值的离中趋势,计算公式为

$$CV = \frac{s}{\bar{x}} \times 100\% \tag{2-7}$$

变异系数主要用来比较两个或多个具有不同单位或不同波动幅度的数据集的离中趋势。

4) 四分位数间距

四分位数包括上四分位数和下四分位数。将所有数值由小到大排列并分成 4 等份,处于第一个分割点位置的数值是下四分位数,处于第二个分割点位置(中间位置)的数值是中位数,处于第三个分割点位置的数值是上四分位数。

四分位数间距是指上四分位数 Q_U 与下四分位数 Q_L 之差,其间包含了全部观察值的一半。其值越大,说明数据的变异程度越大;反之,说明变异程度越小。

【实例 2-11】餐饮销量数据统计量分析。

前面已经提过,describe() 函数已经可以给出一些基本的统计量,根据给出的统计量,可以衍生出我们所需要的统计量。针对餐饮销量数据进行统计量分析,代码如下所示。

```
import pandas as pd

catering_sale = '../data3/catering_sale.xls'    ♯餐饮数据
data = pd.read_excel(catering_sale, index_col='日期')

data = data[(data['销量']>400)&(data['销量']<5000)]    ♯过滤异常值
statistics = data.describe()

statistics.loc['range'] = statistics.loc['max']-statistics.loc['min']    ♯极差
statistics.loc['var'] = statistics.loc['std']/statistics.loc['mean']    ♯变异系数
statistics.loc['dis'] = statistics.loc['75％']-statistics.loc['25％']    ♯四分位
数间距

print(statistics)
```

程序运行结果为

```
count    195.000000
mean    2744.595385
std      424.739407
min      865.000000
25%     2460.600000
50%     2655.900000
75%     3023.200000
max     4065.200000
range   3200.200000
var        0.154755
dis      562.600000
```

2.4.2　分布分析

分布分析能揭示数据的分布特征和分布类型。对于定量数据,要想了解其分布形式是对称的还是非对称的、发现某些特大或特小的可疑值,可做出频率分布表、频率分布直方图、茎叶图等进行直观分析;对于定性数据,可用饼图和条形图直观地显示其分布情况。

1. 定量数据的分布分析

对于定量变量而言,选择"组数"和"组宽"是做频率分布图时最主要的问题,一般按照以下步骤进行。

第一步:求极差。

第二步:决定组距与组数。

第三步:决定分点。

第四步:列出频率分布表。

第五步:绘制频率分布直方图。遵循的主要原则如下:

① 各组之间必须是相互排斥的;

② 各组必须将所有的数据包含在内;

③ 各组的组宽最好相等。

下面结合具体事例来运用分布分析对定量数据进行特征分析。

【实例 2-12】某小微企业收入数据统计量分析。

表 2-10 是某小微企业在 2014 年第二季度的销售数据,绘制销售量的频率分布图,对该定量数据做出相应的分析。

表 2-10　某小微企业日销售额

日　期	销售额(元)	日　期	销售额(元)	日　期	销售额(元)
2014/4/1	420	2014/5/1	1 770	2014/6/1	3 960
2014/4/2	900	2014/5/2	135	2014/6/2	1 770
2014/4/3	1 290	2014/5/3	177	2014/6/3	3 570
2014/4/4	420	2014/5/4	45	2014/6/4	2 220
…	…	…	…	…	…

（1）求极差。

$$极差＝最大值－最小值＝3\,960－45＝3\,915$$

（2）分组。这里根据业务数据的含义，可取组距为500，则组数为8组，即

$$组数＝极差／组距＝3\,915/500＝7.83≈8$$

（3）决定分点。由以上分析可知，分布区间为$[0，500)$、$[500，1\,000)$、$[1\,000，1\,500)$、$[1\,500，2\,000)$、$[2\,000，2\,500)$、$[2\,500，3\,000)$、$[3\,000，3\,500)$、$[3\,500，4\,000)$。

（4）求出频率分布直方表。根据分组区间，统计二季度销售数据在每个组段中出现的次数即频数，再利用频数除以总天数，可以得到相应的频率。例如，销售额在$[0，500)$区间的共有28天，即频数为28，频率为31%。

（5）绘制频率分布直方图。以二季度每天的销售额组段为横轴，以各组段的频率密度（频率与组距之比）为纵轴，可以绘制出频率分布直方图。

以上内容的代码如下所示。

```
import pandas as pd
import numpy as np
catering_sale = '../data/catering_fish_congee.xls'   ♯ 销售数据
data = pd.read_excel(catering_sale,names=['date','sale'])   ♯ 读取数据

bins = [0,500,1000,1500,2000,2500,3000,3500,4000]
labels = ['[0,500)','[500,1000)','[1000,1500)',\

'[1500,2000)','[2000,2500)','[2500,3000)','[3000,3500)','[3500,4000)']


data['sale分层'] = pd.cut(data.sale, bins, labels=labels)
aggResult = data.groupby(by=['sale分层'])['sale'].agg([('sale', np.size)])

pAggResult = round(aggResult/aggResult.sum(), 2,) * 100

import matplotlib.pyplot as plt
plt.figure(figsize=(10,6))   ♯ 设置图框大小尺寸
pAggResult['sale'].plot(kind='bar',width=0.8,fontsize=10)   ♯ 绘制频率直方图
plt.rcParams['font.sans-serif'] = ['SimHei']   ♯ 用来正常显示中文标签
plt.title('季度销售额频率分布直方图',fontsize=20)
```

运行后得到的季度销售额频率分布直方图，如图2-6所示。

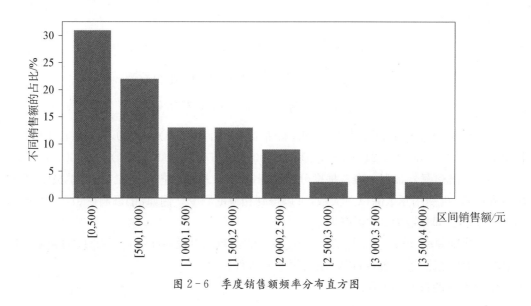

图 2-6 季度销售额频率分布直方图

2. 定性数据的分布分析

对于定性数据，常常根据变量的分类类型来分组，可以采用饼图和条形图来描述定性变量的分布。

【实例 2-13】某餐饮数据定性分析，代码如下所示。

```
import pandas as pd
import matplotlib. pyplot as plt
catering_dish_profit = '.. / data/ catering_dish_profit. xls'    ♯ 餐饮数据
data = pd. read_excel(catering_dish_profit)    ♯ 读取数据


♯ 绘制饼图
x = data['盈利']
labels = data['菜品名']
plt. figure(figsize = (8, 6))    ♯ 设置画布大小
plt. pie(x, labels=labels)    ♯ 绘制饼图
plt. rcParams['font. sans-serif'] = 'SimHei'
plt. title('菜品销售量分布（饼图）')    ♯ 设置标题
plt. axis('equal')
plt. show()


♯ 绘制条形图
x = data['菜品名']
y = data['盈利']
```

```
plt. figure(figsize = (8,4))   # 设置画布大小
plt. bar(x,y)
plt. rcParams['font. sans-serif'] = 'SimHei'
plt. xlabel(' 菜品 ')   # 设置 x 轴标题
plt. ylabel(' 销量 ')   # 设置 y 轴标题
plt. title(' 菜品销售量分布(条形图)')    # 设置标题
plt. show()    # 展示图片
```

运行结果如图 2-7、图 2-8 所示。

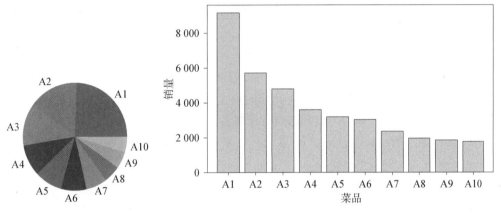

图 2-7 菜品销售量分布饼图　　　　　图 2-8 菜品销售量分布条形图

饼图的每一个扇形部分代表每一类型的所占百分比或频数,根据定性变量的类型数目将饼图分成几个部分,每一部分的大小与每一类型的频数成正比;条形图的高度代表每一类型的百分比或频数,条形图的宽度没有意义。

2.4.3 对比分析

对比分析是把两个相互联系的指标进行比较,从数量上展示和说明研究对象规模的大小、水平的高低、速度的快慢以及各种关系是否协调。特别适用于指标间的横纵向比较、时间序列的比较分析。在对比分析中,选择合适的对比标准十分关键,合适的标准可以做出客观评价,不合适的标准可能导致错误的结论。

对比分析主要有以下两种形式:

1. 绝对数比较
它是利用绝对数进行对比,从而寻找差异的一种方法。

2. 相对数比较
它是由两个有联系的指标对比计算的,是用以反映客观现象之间数量联系程度的综合指标,其数值表现为相对数。由于研究目的和对比基础不同,相对数可以分为以下几种。

(1)结构相对数。将同一总体内的部分数值与全部数值进行对比求得比重,用以说明事物的性质、结构或质量,如居民食品支出额占消费支出总额的比重、产品合格率等。

（2）比例相对数。将同一总体内不同部分的数值进行对比，表明总体内各部分的比例关系，如人口性别比例、投资与消费比例等。

（3）比较相对数。将同一时期两个性质相同的指标数值进行对比，说明同类现象在不同空间条件下的数量对比关系，如不同地区的商品价格对比，不同行业、不同企业间的某项指标对比等。

（4）强度相对数。将两个性质不同但有一定联系的总量指标进行对比，用以说明现象的强度、密度和普遍程度，如人均国内生产总值用"元/人"表示，人口密度用"人/平方公里"表示。

（5）计划完成程度相对数。将某一时期实际完成数与计划数进行对比，用以说明计划完成程度。

（6）动态相对数。将同一现象在不同时期的指标数值进行对比，用以说明发展方向和变化速度，如发展速度、增长速度等。

【实例2-14】销售数据对比分析。

以销售数据为例，从时间维度上分析，可以看到A部门、B部门、C部门3个部门的销售金额随时间的变化趋势，可以了解在此期间哪个部门的销售金额较高、趋势比较平稳，也可以对单一部门（以B部门为例）做分析，了解各年份的销售对比情况。

程序代码如下所示。

```
#部门之间销售金额比较
import pandas as pd
import matplotlib. pyplot as plt
data=pd. read_excel(".. / data/ dish_sale. xls")
plt. figure(figsize=(8, 4))
plt. plot(data[' 月份 '], data['A 部门 '], color = 'green', label = 'A 部门 ',
marker='o')
plt. plot(data[' 月份 '], data['2012 年 '], color = 'green', label = '2012 年 ',
marker='o')
plt. plot(data[' 月份 '], data['2013 年 '], color='red', label='2013 年 ',marker
='s')
plt. plot(data[' 月份 '], data['2014 年 '],color='skyblue', label='2014 年 ',
marker='x')
plt. legend() # 显示图例
plt. ylabel(' 销售额(万元)')
plt. show()

plt. plot(data[' 月份 '], data['B 部门 '], color='red', label='B 部门 ',marker=
's')
```

```
    plt. plot(data[' 月份 '], data['C 部门 '], color = 'skyblue', label = 'C 部门 ',
marker='x')
    plt. legend()  ♯ 显示图例
    plt. ylabel(' 销售额(万元)')
    plt. show()


    ♯ B部门各年份之间销售金额的比较
data=pd. read_excel(".. / data/ dish_sale_b. xls")
    plt. figure(figsize=(8, 4))
```

运行结果如图 2-9、图 2-10 所示。

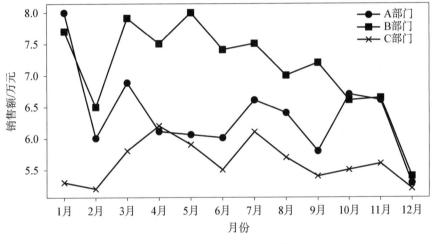

图 2-9　三部门销售额比较

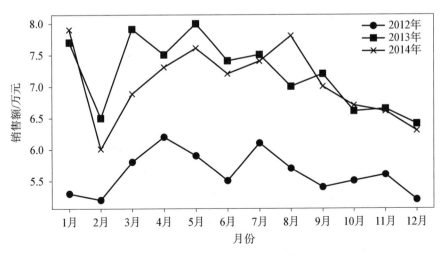

图 2-10　B部门各年度销售额比较

045

2.4.4　周期性分析

周期性分析是探索某个变量是否随着时间的变化而呈现出某种周期变化趋势。时间尺度相对较长的周期性趋势有年度周期性趋势、季节性周期性趋势；时间尺度相对较短的有月度周期性趋势、周度周期性趋势，甚至更短的天、小时等。

【实例 2 - 15】用电量周期性分析。

为了对正常用户和窃电用户在 2020 年 2 月份与 3 月份的用电量进行预测，可以分别分析正常用户和窃电用户的日用电量时序图，从而直观估计其用电量变化趋势，程序代码如下所示。

```python
import pandas as pd
import matplotlib. pyplot as plt

# 正常用户用电趋势分析
df_normal = pd. read_csv("../data/user.csv")
plt. figure(figsize=(8,4))
plt. plot(df_normal["Date"],df_normal["Electricity"])
plt. xlabel("日期")
plt. ylabel("每日电量")
# 设置 x 轴刻度间隔
x_major_locator = plt. MultipleLocator(7)
ax = plt. gca()
ax. xaxis. set_major_locator(x_major_locator)
plt. title("正常用户电量趋势")
plt. rcParams['font. sans-serif'] = ['SimHei']    # 用来正常显示中文标签
plt. show()    # 展示图片


# 窃电用户用电趋势分析
df_steal = pd. read_csv("../data/Steal user.csv")
plt. figure(figsize=(10, 9))
plt. plot(df_steal["Date"],df_steal["Electricity"])
plt. xlabel("日期")
plt. ylabel("日期")
# 设置 x 轴刻度间隔
x_major_locator = plt. MultipleLocator(7)
ax = plt. gca()
ax. xaxis. set_major_locator(x_major_locator)
plt. title("窃电用户电量趋势")
```

```
plt. rcParams['font. sans-serif'] = ['SimHei']    ♯ 用来正常显示中文标签
plt. show()    ♯ 展示图片
```

程序运行结果如图 2-11、图 2-12 所示。

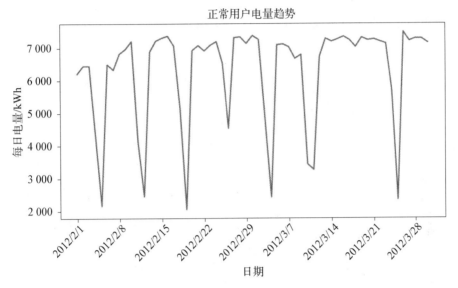

图 2-11　正常用户用电量时序图

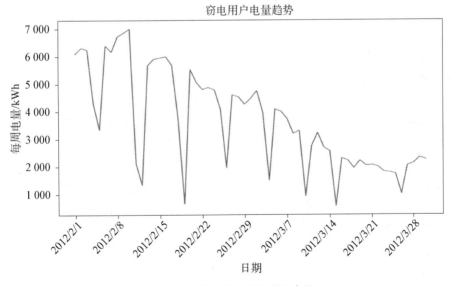

图 2-12　窃电用户用电量时序图

　　总体来看,正常用户和窃电用户在 2020 年 2 月份与 3 月份的日用电量呈现周期性,以周为周期,因为周末不上班,所以周末用电量较低。正常用户工作日和非工作日的用电量比较平稳,没有太大的波动。而窃电用户在 2020 年 2 月份与 3 月份日用电量呈现出递减趋势。

2.4.5 相关性分析

相关性分析是指对两个或多个具备相关性的变量元素进行分析，从而衡量两个变量因素的相关密切程度，并用适当的统计指标表示出来的过程。

1. 直接绘制散点图

判断两个变量是否具有线性相关关系，最直观的方法是直接绘制散点图，如图2-13所示。

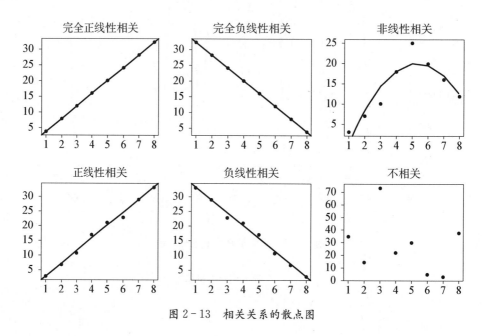

图 2-13　相关关系的散点图

2. 绘制散点图矩阵

需要同时考察多个变量间的相关关系时，分别绘制它们之间的简单散点图十分麻烦，此时可以利用散点图矩阵来同时绘制各变量间的散点图，从而快速发现多个变量间的主要相关性，这在进行多元线性回归时尤为重要。散点图矩阵如图2-14所示。

3. 计算相关系数

为了更加准确地描述变量之间的线性相关程度，可以通过相关系数的计算来进行相关分析。在二元变量的相关分析过程中，比较常用的有 Pearson 相关系数、Spearman 秩相关系数和判定系数。

1）Pearson 相关系数

Pearson 相关系数一般用于分析两个连续性变量之间的关系，相关系数为

$$r = \frac{\sum\limits_{i=1}^{n}(x_i - \bar{x})(y_i - \bar{y})}{\sqrt{\sum\limits_{i=1}^{n}(x_i - \bar{x})^2 \sum\limits_{i=1}^{n}(y_i - \bar{y})^2}} \tag{2-8}$$

相关系数 r 的取值范围：$-1 \leqslant r \leqslant 1$。当 $r>0$ 为正相关关系，$r<0$ 为负相关关系；当

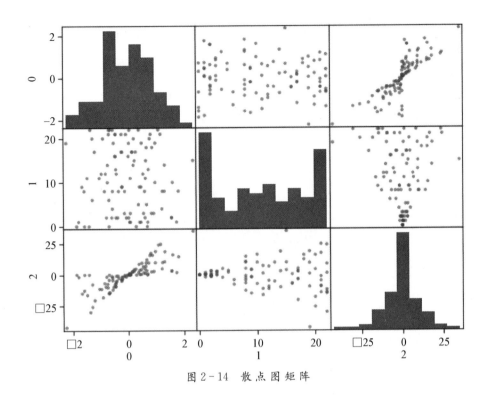

图 2-14 散点图矩阵

$|r|=0$ 时,表示不存在线性关系;当 $|r|=1$ 时,表示完全线性关系。

$0<|r|<1$ 表示存在不同程度的线性关系, $|r|\leqslant0.3$ 为极弱线性相关或不存在线性相关; $0.3<|r|\leqslant0.5$ 为低度线性相关; $0.5<|r|\leqslant0.8$ 为显著线性相关; $|r|>0.8$ 为高度线性相关。

2) Spearman 秩相关系数

Pearson 线性相关系数要求连续变量的取值服从正态分布,不服从正态分布的变量分类或等级变量之间的关联性可采用 Spearman 秩相关系数(也称为等级相关系数)来描述,其计算公式为

$$r_s = 1 - \frac{6\sum_{i=1}^{n}(R_i - Q_i)^2}{n(n^2-1)} \qquad (2-9)$$

对两个变量成对的取值分别按照从小到大(或者从大到小)的顺序编秩, R_i 代表 x_i 的秩次, Q_i 代表 y_i 的秩次, $R_i - Q_i$ 为 x_i、y_i 的秩次之差。只要两个变量具有严格单调的函数关系,那么它们就是完全 Spearman 相关的。

上述两种相关系数在实际应用中都要对其进行假设检验,使用 t 检验方法检验其显著性水平,以确定其相关程度。研究表明,在正态分布假定下,Spearman 秩相关系数与 Pearson 相关系数在效率上是等价的,而对于连续变量,更适合用 Pearson 相关系数来进行分析。

3) 判定系数

判定系数是相关系数的平方,用 r^2 表示,用来衡量回归方程对 y 的解释程度。判定

系数的取值范围为 $0 \leqslant r^2 \leqslant 1$。$r^2$ 越接近于 1，表明 x 与 y 之间的相关性越强，r^2 越接近于 0，越表明 x 与 y 之间几乎没有线性相关关系。

【实例 2-16】餐饮数据相关性分析。

利用餐饮管理系统可以统计得到不同菜品的日销量数据，分析这些菜品日销售量之间的相关性可以得到不同菜品之间的相关关系，如是替补菜品、互补菜品或者没有关系，为原材料采购提供参考，代码如下。

```python
import pandas as pd

catering_sale = '../data/catering_sale_all.xls'   # 餐饮数据，含有其他属性
data = pd.read_excel(catering_sale, index_col = u'日期')   # 读取数据，指定
"日期"列为索引列

print(data.corr())   # 相关系数矩阵，即给出了任意两款菜式之间的相关系数
print(data.corr()[u'百合酱蒸凤爪'])   # 只显示"百合酱蒸凤爪"与其他菜式
的相关系数

# 计算"百合酱蒸凤爪"与"翡翠蒸香茜饺"的相关系数
print(data[u'百合酱蒸凤爪'].corr(data[u'翡翠蒸香茜饺']))
```

以上代码给出了 3 种不同形式求相关系数的运算。例如，运行 data.corr()[u'百合酱蒸凤爪']可以得到

百合酱蒸凤爪	1.000000
翡翠蒸香茜饺	0.009206
金银蒜汁蒸排骨	0.016799
乐膳真味鸡	0.455638
蜜汁焗餐包	0.098085
生炒菜心	0.308496
铁板酸菜豆腐	0.204898
香煎韭菜饺	0.127448
香煎萝卜糕	-0.090276
原汁原味菜心	0.428316

结果显示，"百合酱蒸凤爪"与"乐膳真味鸡""原汁原味菜心"等相关性较高，而与"翡翠蒸香茜饺""蜜汁焗餐包"等主食类菜品相关性较低。

2.5　数据集成

数据挖掘需要从不同的数据源中获取数据，数据集成就是将多个数据源合并存放在一个一致的数据存储位置中的过程。在数据集成时，来自多个数据源的现实世界实体表

达形式可能不一致,需要考虑实体识别和属性冗余问题,从而将源数据在最底层上加以转换、提炼和集成。

2.5.1　实体识别

实体识别是从不同数据源识别出现实世界的实体,它的任务是统一不同源数据的矛盾之处,常见的实体识别如下。

(1) 同名异义。数据源 A 中的属性 ID 和数据源 B 中的属性 ID 分别描述的是商品编号和订单编号,即描述的是不同的实体。

(2) 异名同义。数据源 A 中的 sales_dt 和数据源 B 中的 sales_date 都是描述销售日期的,即 A. sales_dt = B. sales_date。

(3) 单位不统一。描述同一个实体时分别用的是国际单位和中国传统的计量单位。

检测和解决这些冲突就是实体识别的任务。

2.5.2　冗余属性识别

数据集成往往导致数据冗余,例如,同一属性多次出现;同一属性命名不一致导致重复。仔细整合不同源数据能减少甚至避免数据冗余与不一致,从而提高数据挖掘的速度和质量。对于冗余属性要先进行分析,检测后再将其删除。

有些冗余属性可以用相关分析检测:给定两个数值型的属性 A 和属性 B,根据其属性值,用相关系数度量一个属性在多大程度上蕴含另一个属性。

2.5.3　数据变换

数据变换主要是对数据进行规范化处理,将数据转换成“适当的”形式,以适用于挖掘任务及算法的需要。

1. 简单函数变换

简单函数变换是对原始数据进行某些数学函数变换,常用的包括平方、开方、取对数、差分运算等。

简单函数变换常用来将不具有正态分布的数据变换成具有正态分布的数据。在时间序列分析中,有时简单的对数变换或者差分运算就可以将非平稳序列转换成平稳序列。在数据挖掘中,简单函数变换可能更有必要,如个人年收入的取值范围为 10 000 元到 10 亿元,这是一个很大的区间,使用对数变换对其进行压缩是常用的一种变换处理。

2. 规范化

数据标准化(归一化)处理是数据挖掘的一项基础工作。不同评价指标往往具有不同的量纲,数值间的差别可能很大,不进行处理可能会影响数据分析的结果。为了消除指标之间的量纲和取值范围差异的影响,需要进行标准化处理,将数据按照比例进行缩放,使之落入一个特定的区域,便于进行综合分析。如将工资收入属性值映射到[−1,1]或者[0,1]内。数据规范化对于基于距离的挖掘算法尤为重要。

1) 最小-最大规范化

最小-最大规范化也称为离差标准化,是对原始数据的线性变换,将数值映射到[0,1]

之间。其转换公式为

$$x^* = \frac{x - \min}{\max - \min} \qquad (2-10)$$

其中，max 为样本数据的最大值，min 为样本数据的最小值，max－min 为极差。离差标准化保留了原来数据中存在的关系，是消除量纲和数据取值范围影响最简单的方法。这种处理方法的缺点是若数值集中某个数值很大则规范化后各值会接近于 0，并且相差不大。若将来遇到超过目前属性[min，max]的取值范围时会引起系统出错，就需要重新确定 min 和 max。

2）零-均值规范化

零-均值规范化也叫标准差标准化，经过处理数据的均值为 0，标准差为 1。其转化公式为

$$x^* = \frac{x - \bar{x}}{\sigma} \qquad (2-11)$$

其中，$\bar{x}$ 为原始数据的均值，σ 为原始数据的标准差。零-均值规范化是当前用得最多的数据标准化方法。

3）小数定标规范化

通过移动属性值的小数位数，将属性值映射到[－1，1]之间，移动的小数位数取决于属性值绝对值的最大值。其转化公式为

$$x^* = \frac{x}{10^k} \qquad (2-12)$$

对于一个含有 n 个记录 p 个属性的数据集，可以分别对每一个属性的取值进行规范化。

【实例 2-17】数据规范化处理。

对原始的数据矩阵分别用最小-最大规范化、零-均值规范化、小数定标规范化进行规范化，对比结果，程序代码如下。

```
import pandas as pd
import numpy as np
datafile = '../data/normalization_data.xls'    # 参数初始化
data = pd.read_excel(datafile, header = None)    # 读取数据
print(data)


(data - data.min()) / (data.max() - data.min())    # 最小-最大规范化
(data - data.mean()) / data.std()    # 零-均值规范化
data / 10 ** np.ceil(np.log10(data.abs().max()))    # 小数定标规范化
```

原始数据为

```
         0     1     2      3
0       78   521   602   2863
1      144  -600  -521   2245
2       95  -457   468  -1283
3       69   596   695   1054
4      190   527   691   2051
5      101   403   470   2487
6      146   413   435   2571
```

最小-最大规范化后的结果为

```
          0          1          2          3
0  0.074380   0.937291   0.923520   1.000000
1  0.619835   0.000000   0.000000   0.850941
2  0.214876   0.119565   0.813322   0.000000
3  0.000000   1.000000   1.000000   0.563676
4  1.000000   0.942308   0.996711   0.804149
5  0.264463   0.838629   0.814967   0.909310
6  0.636364   0.846990   0.786184   0.929571
```

零-均值规范化后的结果为

```
          0          1          2          3
0 -0.905383   0.635863   0.464531   0.798149
1  0.604678  -1.587675  -2.193167   0.369390
2 -0.516428  -1.304030   0.147406  -2.078279
3 -1.111301   0.784628   0.684625  -0.456906
4  1.657146   0.647765   0.675159   0.234796
5 -0.379150   0.401807   0.152139   0.537286
6  0.650438   0.421642   0.069308   0.595564
```

小数定标规范化后的结果为

```
        0       1       2        3
0   0.078   0.521   0.602   0.2863
1   0.144  -0.600  -0.521   0.2245
2   0.095  -0.457   0.468  -0.1283
3   0.069   0.596   0.695   0.1054
4   0.190   0.527   0.691   0.2051
5   0.101   0.403   0.470   0.2487
6   0.146   0.413   0.435   0.2571
```

3. 连续属性离散化

一些数据挖掘算法,特别是某些分类算法,如 ID3 算法、Apriori 算法等,要求数据是分类属性形式,因此常常需要将连续属性变换成分类属性,即连续属性离散化。

1) 离散化的过程

连续属性离散化就是在数据的取值范围内设定若干个离散的划分点,将取值范围划分为一些离散化的区间，最后用不同的符号或整数值代表落在每个子区间中的数据值，所以，离散化涉及两个子任务，即确定分类数以及如何将连续属性值映射到这些分类值。

2）常用的离散化方法

常用的离散化方法有等宽法、等频法和一维聚类方法。

（1）等宽法。将属性的值域分成具有相同宽度的区间，区间的个数由数据本身的特点决定或者用户指定，类似于制作频率分布表。

（2）等频法。将相同数量的记录放进每个区间。

（3）一维聚类方法。该方法包括两个步骤：①将连续属性的值用聚类算法（如 K - Means 算法）进行聚类；②将聚类得到的簇进行处理，合并到一个簇的连续属性值做同一标记。聚类分析的离散化方法也需要用户指定簇的个数，从而决定产生的区间数。

等宽法和等频法这两种方法简单，易于操作，但都需要人为规定划分区间的个数。同时，等宽法的缺点在于它对离群点比较敏感，倾向于不均匀地把属性值分布到各个区间。有些区间包含许多数据，而另外一些区间的数据极少，这样会严重损坏建立的决策模型。等频法虽然避免了上述问题的产生，却可能将相同的数据他分配到不同的区间，以满足每个区间中固定的数据个数。

【实例 2-18】连续属性离散化。

使用上述 3 种离散化方法对"医学中医证型的相关数据"进行连续属性离散化的对比，程序代码如下。

```python
import pandas as pd
import numpy as np


datafile = '../ data/ discretization_data. xls'    # 参数初始化
data = pd. read_excel(datafile)    # 读取数据
data = data[u' 肝气郁结证型系数 '].copy()
k = 4

d1 = pd. cut(data, k, labels = range(k))    # 等宽离散化


# 等频率离散化
w = [1.0 * i/ k for i in range(k+1)]
w = data. describe(percentiles = w)[4:4+k+1]    # 使用 describe 函数计算分位数
d2 = pd. cut(data, w, labels = range(k))


from sklearn. cluster import KMeans    # 引入 KMeans
```

```
    kmodel = KMeans(n_clusters = k, n_jobs = 4)    ♯ 建立模型, n_jobs 是并
行数
    kmodel. fit(np. array(data). reshape((len(data), 1)))    ♯ 训练模型
    c = pd. DataFrame(kmodel. cluster_centers_). sort_values(0)    ♯ 输出聚类中
心,并且排序(默认是随机序的)
    w = c. rolling(2). mean()    ♯ 相邻两项求中点,作为边界点
    w = w. dropna()
    w = [0] + list(w[0]) + [data. max()]    ♯ 把首末边界点加上
    d3 = pd. cut(data, w, labels = range(k))


def cluster_plot(d, k):    ♯ 自定义作图函数来显示聚类结果
    import matplotlib. pyplot as plt
    plt. rcParams['font. sans-serif'] = ['SimHei']    ♯ 用来正常显示中文标签
    plt. rcParams['axes. unicode_minus'] = False    ♯ 用来正常显示负号

    plt. figure(figsize = (8, 3))
    for j in range(0, k):
        plt. plot(data[d==j], [j for i in d[d==j]], 'o')
    plt. ylim(-0. 5, k-0. 5)
    return plt


cluster_plot(d1, k). show()
cluster_plot(d2, k). show()
cluster_plot(d3, k). show()
```

运行结果如图 2-15、图 2-16 和图 2-17 所示。

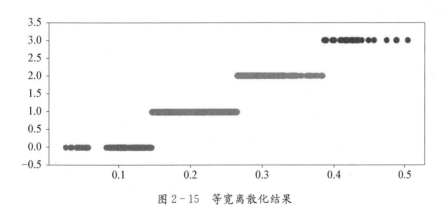

图 2-15　等宽离散化结果

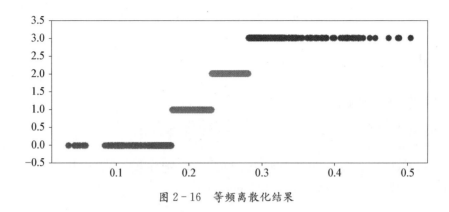

图 2-16 等频离散化结果

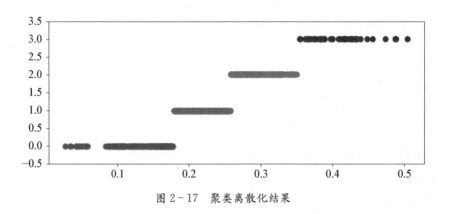

图 2-17 聚类离散化结果

分别用等宽法、等频法和聚类对数据进行离散化,将数据分为 4 类,然后将每一类记为同一个标志,再进行建模。

2.5.4 属性构造

在数据挖掘过程中,为了帮助用户提取更有用的信息,挖掘更深层次的模式,提高挖掘结果的精度,需要利用已有的属性集构造出新的属性,并加入现有的属性集合中。

例如,进行防窃漏电诊断建模时,已有的属性包括供入电量、供出电量(线路上各大用户用电量之和)。理论上供入电量和供出电量应该是相等的,但是由于在传输过程中存在电能损耗,使得供入电量略大于供出电量,如果该条线路上的一个或多个大用户存在窃漏电行为,会使得供入电量明显大于供出电量。反过来,为了判断是否有大用户存在窃漏电行为,可以构造出一个新的指标——线损率,该过程就是构造属性。新构造的属性线损率为

$$线损率 = \frac{(供入电量 - 供出电量)}{供入电量} \times 100\%$$

线损率的正常范围一般为 3%～15%,如果远远超过该范围,那么就可以认为该条线路的大用户很可能存在窃漏电等异常用电行为。

根据线损率的计算公式，由供入电量、供出电量进行线损率的属性构造，程序代码如下所示。

```
import pandas as pd

# 参数初始化
inputfile= '.. / data/ electricity_data. xls'  # 供入供出电量数据
outputfile = '.. / tmp/ electricity_data. xls'   # 属性构造后数据文件

data = pd. read_excel(inputfile)   # 读入数据
data[u'线损率'] = (data[u'供入电量'] − data[u'供出电量']) / data[u'供入电量']
data. to_excel(outputfile, index = False)   # 保存结果
```

2.6　数据归约

在大数据集上进行复杂的数据分析和挖掘需要很长时间。数据归约会产生更小且保持原数据完整性的新数据集，在归约后的数据集上进行分析和挖掘可以提高效率。

数据归约的意义主要有以下三个方面。

（1）降低无效、错误数据对建模的影响，提高建模的准确性。

（2）少量且具有代表性的数据将大幅缩减数据挖掘所需的时间。

（3）降低储存数据的成本。

2.6.1　属性归约

属性归约是通过属性合并创建新属性维数，或者通过直接删除不相关的属性（维）来减少数据维数，从而提高数据挖掘的效率，降低计算成本。属性归约的目标是寻找最小的属性子集并确保新数据子集的概率分布尽可能接近原来数据集的概率分布。属性归约常用的方法中，逐步向前选择、逐步向后删除和决策树归纳是属于直接删除不相关属性（维）的方法，而主成分分析是一种用于连续属性的数据降维方法。

1. 合并属性

合并属性是指将一些旧属性合并为新属性。例如，

初始属性集：$\{A_1, A_2, A_3, A_4, B_1, B_2, B_3, C\}$

$\{A_1, A_2, A_3, A_4\} \rightarrow A$；

$\{B_1, B_2, B_3\} \rightarrow B.$

$\Rightarrow$规约后属性集：$\{A, B, C\}$

2. 逐步向前选择

从一个空属性集合开始，每次从原来属性集合中选择一个当前最优的属性添加到当

前属性子集中,直到无法选出最优属性或满足一定阈值约束为止。

初始属性集:$\{A_1, A_2, A_3, A_4, A_5, A_6\}$

$\{\ \} \Rightarrow \{A_1\} \Rightarrow \{A_1, A_4\}$

$\Rightarrow$规约后属性集:$\{A_1, A_4, A_6\}$

3. 逐步向后删除

从一个全属性集开始,每次从当前属性子集中选择一个当前最差的属性,将其从子集中消去,直到无法选出最差的属性或满足一定阈值约束为止。

初始属性集:$\{A_1, A_2, A_3, A_4, A_5, A_6\}$

$\Rightarrow \{A_1, A_3, A_4, A_5, A_6\}$

$\Rightarrow \{A_1, A_4, A_5, A_6\}$

$\Rightarrow$规约后属性集:$\{A_1, A_4, A_6\}$

4. 决策树归纳

利用决策树的归纳方法对初始数据进行分类归纳学习,获得一个初始决策树,所有没有出现在这个决策树上的属性均可认为是无关属性,因此将这些属性从初始集合中删除,就可以获得一个较优的属性子集(见图 2-18)。

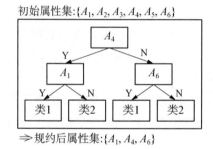

图 2-18　规约后属性集

5. 主成分分析

主成分分析构造了原始数据的一个正交变换,新空间的基底去除了原始空间基底下数据的相关性,只需使用少数新变量就能够解释原始数据中的大部分变异。在应用中,通常是选出比原始变量个数少、能解释大部分数据中变量的几个新变量,即所谓主成分,来代替原始变量进行建模。

主成分分析的计算步骤如下。

(1) 设原始变量 $X_1, X_2, \cdots, X_p$ 的 n 次观测数据矩阵为

$$\boldsymbol{X} = \begin{bmatrix} x_{11} & x_{12} & \cdots & x_{1p} \\ x_{21} & x_{22} & \cdots & x_{2p} \\ \vdots & \vdots & & \vdots \\ x_{n1} & x_{n2} & \cdots & x_{np} \end{bmatrix} \tag{2-13}$$

(2) 将数据矩阵按列进行中心标准化。为了方便,将标准化后的数据矩阵仍然记为 $\boldsymbol{X}$。

（3）求相关系数矩阵 $\boldsymbol{R}$，$\boldsymbol{R} = (r_{ij})_{p \times p}$，$r_{ij}$ 定义为

$$r_{ij} = \sum_{k=1}^{n}(x_{ki} - \bar{x}_i)(x_{kj} - \bar{x}_j) \Big/ \sqrt{\sum_{k=1}^{n}(x_{ki} - \bar{x}_i)^2 (x_{kj} - \bar{x}_j)^2} \qquad (2-14)$$

其中，$r_{ij} = r_j$。

（4）求 R 的特征方程 $\det(R - \lambda E) = 0$ 的特征根 $\lambda_1 \geqslant \lambda_2 \geqslant \cdots \geqslant \lambda_p \geqslant 0$。

（5）确定主成分个数 m：$\dfrac{\sum\limits_{i=1}^{m} \lambda_i}{\sum\limits_{i=1}^{p} \lambda_i} \geqslant \alpha$，$\alpha$ 根据实际问题确定，一般取 80%。

（6）计算 m 个相应的单位特征向量，如式（2-15）所示。

$$\boldsymbol{\beta}_1 = \begin{bmatrix} \beta_{11} \\ \beta_{21} \\ \cdots \\ \beta_{p1} \end{bmatrix}, \ \boldsymbol{\beta}_2 = \begin{bmatrix} \beta_{12} \\ \beta_{22} \\ \cdots \\ \beta_{p2} \end{bmatrix}, \ \cdots, \ \boldsymbol{\beta}_m = \begin{bmatrix} \beta_{1m} \\ \beta_{2m} \\ \cdots \\ \beta_{pm} \end{bmatrix} \qquad (2-15)$$

（7）计算主成分，如式（2-16）所示。

$$Z_i = \beta_{1i}X_1 + \beta_{2i}X_2 + \cdots + \beta_{pi}X_p \ (i = 1, 2, \cdots, m) \qquad (2-16)$$

【实例 2-19】主成分分析法降维。

对数据采用主成分分析法降维，程序代码如下。

```python
import pandas as pd

# 参数初始化
inputfile = '../data/principal_component.xls'
outputfile = '../tmp/dimension_reduced.xls'    # 降维后的数据

data = pd.read_excel(inputfile, header = None)    # 读入数据

from sklearn.decomposition import PCA

pca = PCA()
pca.fit(data)    # .fit 就是一个训练过程
pca.components_    # 返回模型的各个特征向量
pca.explained_variance_ratio_    # 返回各个成分各自的方差百分比
```

运行结果为

```
In [5]: pca.components_   # 返回模型的各个特征向量
Out[5]:
array([[ 0.56788461,  0.2280431 ,  0.23281436,  0.22427336,  0.3358618 ,
         0.43679539,  0.03861081,  0.46466998],
       [ 0.64801531,  0.24732373, -0.17085432, -0.2089819 , -0.36050922,
        -0.55908747,  0.00186891,  0.05910423],
       [-0.45139763,  0.23802089, -0.17685792, -0.11843804, -0.05173347,
        -0.20091919, -0.00124421,  0.80699041],
       [-0.19404741,  0.9021939 , -0.00730164, -0.01424541,  0.03106289,
         0.12563004,  0.11152105, -0.3448924 ],
       [-0.06133747, -0.03383817,  0.12652433,  0.64325682, -0.3896425 ,
        -0.10681901,  0.63233277,  0.04720838],
       [ 0.02579655, -0.06678747,  0.12816343, -0.57023937, -0.52642373,
         0.52280144,  0.31167833,  0.0754221 ],
       [-0.03800378,  0.09520111,  0.15593386,  0.34300352, -0.56640021,
         0.18985251, -0.69902952,  0.04505823],
       [-0.10147399,  0.03937889,  0.91023327, -0.18760016,  0.06193777,
        -0.34598258, -0.02090066,  0.02137393]])

In [6]: pca.explained_variance_ratio_   # 返回各个成分各自的方差百分比
Out[6]:
array([7.74011263e-01, 1.56949443e-01, 4.27594216e-02, 2.40659228e-02,
       1.50278048e-03, 4.10990447e-04, 2.07718405e-04, 9.24594471e-05])
```

从上面的结果可以得到特征方程 $\det(R-\lambda E)=0$ 有 8 个特征根，对应 8 个单位特征向量及各个成分各自的方差百分比（也叫贡献率）。其中方差百分比越大说明向量的权重越大。

当前选取前 3 个主成分时，累计贡献率已达到 97.38%，说明选取前 3 个主成分计算已可以满足要求，因此重新建立 PCA 模型，设置 n_components = 3，计算出成分结果，程序代码如下。

```
pca = PCA(3)
pca.fit(data)
low_d = pca.transform(data)
# 用它来降低维度，transform 是 sklearn 实际进行投影
pd.DataFrame(low_d).to_excel(outputfile)   # 保存结果
print(low_d)   # 显示结果
```

运行结果为

```
In [8]: low_d
Out[8]:
array([[  8.19133694,  16.90402785,   3.90991029],
       [  0.28527403,  -6.48074989,  -4.62870368],
       [-23.70739074,  -2.85245701,  -0.4965231 ],
       [-14.43202637,   2.29917325,  -1.50272151],
       [  5.4304568 ,  10.00704077,   9.52086923],
       [ 24.15955898,  -9.36428589,   0.72657857],
       [ -3.66134607,  -7.60198615,  -2.36439873],
       [ 13.96761214,  13.89123979,  -6.44917778],
       [ 40.88093588, -13.25685287,   4.16539368],
       [ -1.74887665,  -4.23112299,  -0.58980995],
       [-21.94321959,  -2.36645883,   1.33203832],
       [-36.70868069,  -6.00536554,   3.97183515],
       [  3.28750663,   4.86380886,   1.00424688],
       [  5.99885871,   4.19398863,  -8.59953736]])
```

原始数据从 8 维降维到了 3 维,关系式由式(2-16)确定,同时这 3 维数据占了原始数据 95% 以上的信息。

2.6.2 数值规约

数值归约通过选择替代的、较小的数据来减少数据量,包括有参数方法和无参数方法两类。有参数方法是使用一个模型来评估数据,只需存放参数,而不需要存放实际数据,例如回归(线性回归和多元回归)和对数线性模型(近似离散属性集中的多维概率分布)。无参数方法就需要存放实际数据,例如直方图、聚类、抽样(采样)。

1. 直方图

直方图使用分箱来近似数据分布,是一种流行的数据归约形式。属性 A 的直方图将 A 的数据分布划分为不相交的子集或桶。如果每个桶只代表单个属性值/频率对,则该桶称为单桶。通常,桶表示给定属性的一个连续区间。

【实例 2-20】绘制直方图。

结合实际案例来说明如何使用直方图做数值归约。某企业商品的单价(按人民币取整)从小到大排序为:3, 3, 5, 5, 5, 8, 8, 10, 10, 10, 10, 15, 15, 15, 22, 22, 22, 22, 22, 22, 22, 22, 22, 25, 25, 25, 25, 25, 25, 25, 25, 25, 30, 30, 30, 30, 30, 35, 35, 35, 35, 35, 39, 39, 40, 40, 40。绘制直方图,程序代码如下。

```
import matplotlib. pyplot as plt
data = [3, 3, 5, 5, 5, 8, 8, 10, 10, 10, 10, 15, 15, 15, 22, 22, 22, 22, 22,
22, 22,\
       22, 22, 25, 25, 25, 25, 25, 25, 25, 25, 25, 30, 30, 30, 30, 30, 35,
35, 35, 35, \
```

```
                35,39,39,40,40,40]

    plt. hist(data,bins=40,rwidth=0.8)
    plt. show()

    plt. hist(data,bins=3,rwidth=0.8)
    plt. show()
```

使用单桶显示这些数据的直方图，如图 2 - 19 所示。进一步压缩数据，通常让每个单桶代表给定属性的一个连续值域。在图 2 - 20 中，每个桶代表 13 元的价值区间。

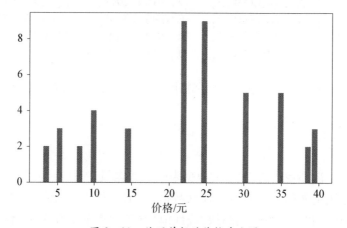

图 2 - 19　使用单桶的价格直方图

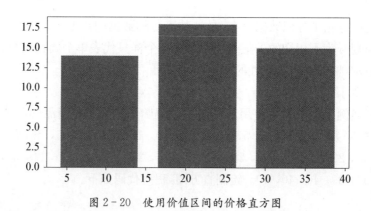

图 2 - 20　使用价值区间的价格直方图

2. 聚类

聚类技术将数据元组（即记录，数据表中的一行）视为对象。它将对象划分为簇，使一个簇中的对象彼此"相似"，而与其他簇中的对象"相异"。在数据归约中，用数据的簇替换实际数据。该技术的有效性依赖于簇的定义是否符合数据的分布性质。

3. 抽样

抽样也是一种数据归约技术,它用比原始数据小得多的随机样本(子集)表示原始数据集 D。假定原始数据集包含 n 个元组,就可以采用抽样方法对原始数据集 D 进行抽样。下面介绍常用的抽样方法。

1)s 个样本无放回简单随机抽样

从原始数据集 D 的 n 个元组中抽取 s 个样本 $(s < n)$,其中,D 中任意元组被抽取的概率均为 $1/N$,即所有元组的抽取是等可能的。

2)s 个样本有放回地简单随机抽样

该方法类似于无放回简单随机抽样,不同之处在于每次从原始数据集 D 中抽取一个元组后,做好记录,然后放回原处。

3)聚类抽样

如果原始数据集 D 中的元组分组放入 m 个互不相交的"簇",则可以得到 s 个簇的简单随机抽样,其中 $s < n$。例如,数据库中的元组通常一次检索一页,这样每页就可以视为一个簇。

4)分层抽样

如果原始数据集 D 划分成互不相交的部分,称作层,则对每一层简单随机抽样就可以得到 D 的分层样本。例如,按照顾客的每个年龄组创建分层,可以得到关于顾客数据的一个分层样本。

使用数据归约时,抽样最常用来估计聚集查询的结果。在指定的误差范围内,可以确定(使用中心极限定理)一个给定的函数所需的样本大小。通常样本的大小 s 相对于 n 非常小,而通过简单地增加样本大小得到的集合可以进一步求精。

4. 参数回归

简单线性模型和对数线性模型可以用来进行近似给定的数据。用(简单)线性模型对数据建模,使之拟合一条直线 $y = kx + b$,其中 k 和 b 分别是直线的斜率和截距,得到 k 和 b 之后,即可根据给定的 x 预测 y 的值。

【实例 2-21】线性回归分析房屋面积与价格的关系。

根据房屋面积、房屋价格的历史数据建立线性回归模型,然后根据给出的房屋面积来预测房屋价格。程序代码如下。

```
import pandas as pd
from sklearn import linear_model
import matplotlib. pyplot as plt
import numpy as np

# 构建 dataframe
df = pd. DataFrame({"房屋面积":[150,200,250,300,350,400,600],\
                "价格":[6450,7450,8450,9450,11450,15450,18450]})
```

```
print(df)

# 建立线性回归模型
regr = linear_model.LinearRegression()

# 拟合
regr.fit(np.array(df['房屋面积']).reshape(-1, 1), df['价格'])
# 直线的斜率、截距
a, b = regr.coef_, regr.intercept_

# 给出待预测面积
area = 238.5
# 根据直线方程计算的价格
print(a * area + b)


# 画图
# 1. 真实的点
plt.scatter(df['房屋面积'], df['价格'], color='blue')
# 2. 拟合的直线
plt.plot(df['房屋面积'], regr.predict(np.array(df['房屋面积']).reshape
(-1, 1)), color='red', linewidth=4)
plt.show()
```

程序运行结果：当房屋面积为 238.5 时，预测价格为 8 635.03；得到的图形如图 2 - 21 所示。

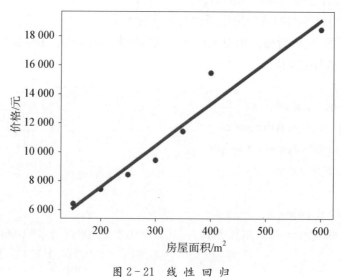

图 2 - 21 线 性 回 归

多元线性回归是(简单)线性回归的扩充,允许响应变量 y 建模为两个或者多个预测变量的线性函数。

习　题

1. 请读取给定的 2-1.csv 文件,对其进行描述性统计分析,通过绘制箱型图找出异常值,并采用适当的方式对异常值进行修正。

2. 地区生产总值(地区 GDP)与多个因素相关,某研究小组选取了某省农业、工业、建筑业等 9 个产业和 GDP 数据,请分析这些数据与 GDP 的相关性。

3. 为研究民族地区农民可支配收入的影响因素,某同学收集了近几年广西壮族自治区农林牧渔总产值、农产品生产价格指数、农村人口等数据,请利用合适的方法对数据进行规范化处理。

4. 文件 2-4.csv 是上市房地产企业 2019 年的净利润率,请利用等频、等宽和聚类三种方法对数据进行离散化处理。

第3章

数据可视化

本章知识点

（1）了解 Matplotlib 库基础知识。

（2）掌握 plot() 函数使用方法。

（3）熟悉 Matplotlib 常用图形特点及绘制方法。

可视化技术是将数据转换为图形或图像并呈现在屏幕上，然后再进行视觉交互。在数据分析中，可视化是非常重要的一个环节，它是通过呈现图形或图像体现数据或算法的好坏，给用户最直观的视觉信息，所谓"一图胜千言"就是这个意思。本章主要介绍 Matplotlib 数据的可视化方法。

3.1　Matplotlib 库入门

Matplotlib 是一个基于 Python 的绘图库，完全支持二维图形，部分支持三维图形，是 Python 编程语言及其数据科学扩展包 NumPy 的可视化操作界面库。它利用通用的图形用户界面工具包（如 Tkinter、wxPython、Qt、FLTK、Cocoatoolkits 或 GTK＋）向应用程序嵌入式绘图提供了应用程序接口（API）。此外，Matplotlib 还有一个基于图像处理库（如开放图形库 OpenGL）的 pylab 接口，其设计与 MATLAB 非常类似。SciPy 就是用 Matplotlib 进行图形绘制的。

Matplotlib 最初由 John D. Hunter 开发的，它拥有一个活跃的开发社区，并且根据 BSD 样式许可证分发。Matplotlib 2.2. x 支持 Python2 和 Python3 版本，Matplotlib 3.0 只支持 Python3 相关版本。Matplotlib 的官网网址为 https：//matplotlib. org/index. html，如图 3‐1 所示。

Matplotlib 库由一系列有组织、有隶属关系的对象构成，这对于基础绘图操作来说显得过于复杂。因此，Matplotlib 提供了一套快捷命令式的绘图接口函数，即 pyplot 子模块。pyplot 将绘图所需要的对象构建过程并封装在函数中，对用户提供更加友好的接口。pyplot 模块提供一批预定义的绘图函数，大多数函数可以通过函数名辨别其功能。

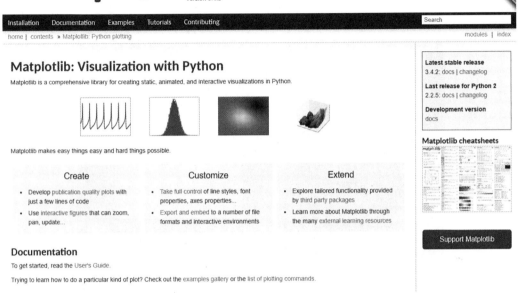

图 3-1 Matplotlib 官网

matplotlob.pylot 是 Matplotlib 的字库,引用方式如下。

```
import matplotlib.pyplot as plt
```

从本节开始,使用 plt 代替 matplotlib.pyplot。plt 子库提供了一批操作和绘图函数,每个函数代表对图像进行的一个操作,比如创建绘图区域、添加标注或者修改坐标轴等。这些函数采用 plt.\<b\>()形式调用,其中\<b\>代表具体函数名称。

plt 子库中常用的与绘图区域有关的函数包括 plt.figure()、plt.subplot()、plt.axes()等。

使用 figure()函数创建一个全局绘图区域,并且使它成为当前的绘图对象,figsize 参数可以指定绘图区域的宽度和高度,单位为英寸。鉴于 figure()函数参数较多,这里采用指定参数名称的方式输入参数。代码如下。

```
plt.figure(figsize=(8,4))
```

绘制图像之前也可不调用 figure()函数创建全局绘图区域,此时,plt 子库会自动创建一个默认的绘图区域。

subplot()用于在全局绘图区域内创建子绘图区域,其参数表示将全局绘图区域分成 nrows 行和 ncols 列,并根据先行后列的计数方式在 plot_number 位置生成一个坐标系,3个参数关系如图 3-2 所示。其中,全局绘图区域被分割成 3×2 的网格,其中,在第 4 个位置绘制了一个坐标系。实例代码如下：

```
plt. subplot(324)
```

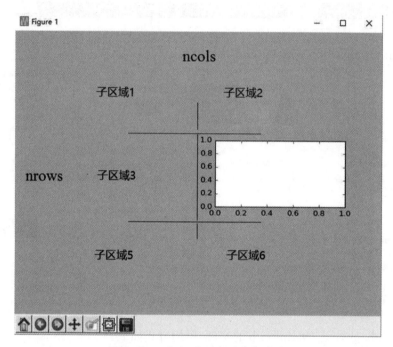

图 3-2　subplot()函数的参数关系

axes()默认创建一个 subplot(111)坐标系,参数 rec=［left，bottom，width，height］中 4 个变量的范围都为［0，1］,表示坐标系与全局绘图区域的关系;axisbg 指背景色,默认为白色(white)。

```
plt. axes([0.1, 0.1, 0.7, 0.3], axisbg='y')
```

plt 子库提供了一组读取和显示相关的函数,用于在绘图区域中增加显示内容及读入的数据,如表 3-1 所示,这些函数需要与其他函数搭配使用。

表 3-1　plt 库的读取和显示函数

函　　数	描　　述
plt. legend()	在绘图区域中方式绘图标签(也称图注)
plt. show()	显示创建的绘图对象
plt. matshow()	在窗口显示数组矩阵
plt. imshow()	在 axes 上显示图像
plt. imsave()	保存数组为图像文件
plt. imread()	从图像文件中读取数组

3.2 pylot 的 plot()函数

plot()函数是用于绘制直线最基础的函数,调用方式很灵活,函数的使用方式为 plt. plot(x, y, format_string, **kwargs)。其中,x 和 y 可以是 numpy 计算出的数组或列表,分别为 X 轴和 Y 轴数据;format_string 是控制曲线的格式字符串,**kwargs 表示第二组或更多(x,y,format_string)。

当绘制一条曲线时,x 轴可以不提供数据,系统将自动用序号对 x 轴进行填充,当绘制多条曲线时,各条曲线的 x 不能省略。

【实例 3-1】plot()函数应用。

```
import matplotlib. pyplot as plt
import numpy as np

a = np. arange(10)
#绘制 1 条曲线时,可以没有 x 轴数据
plt. plot(a)
plt. show()

#绘制 4 条曲线
plt. plot(a, a * 1.5, a, a * 2.5, a, a * 3.5, a, a * 4.5)
plt. show()
```

运行结果如图 3-3 所示。

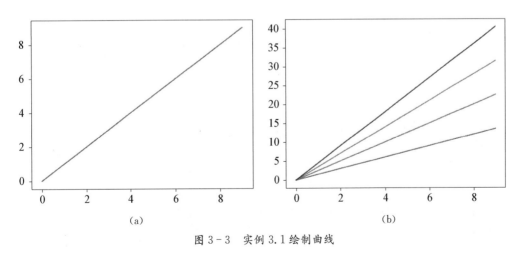

图 3-3 实例 3.1 绘制曲线

format_string 是控制曲线的格式字符串,由颜色字符、风格字符和标记字符组成,可以有多种颜色、风格和标记字符的组合(见表 3-2～表 3-4)。

表 3-2 颜色字符说明

颜色字符	说明	颜色字符	说明
'b'	蓝色	'm'	洋红色
'g'	绿色	'y'	黄色
'r'	红色	'k'	黑色
'c'	青绿色	'w'	白色
'♯008000'	RGB 某颜色	'0.8'	灰度值字符串

表 3-3 风 格 字 符

风格字符	说明
'.'	实线
'--'	破折线
'-.'	点划线
':'	虚线
' '	无线条

表 3-4 标识字符说明

标记字符	说明	标记字符	说明	标记字符	说明
'.'	点标记	'1'	下花三角标记	'h'	竖六边形标记
','	像素标记(极小点)	'2'	上花三角标记	'H'	横六边形标记
'o'	实心圈标记	'3'	左花三角标记	'+'	十字标记
'v'	倒三角标记	'4'	右花三角标记	'x'	x 标记
'˄'	上三角标记	's'	实心方形标记	'D'	菱形标记
'>'	右三角标记	'p'	实心五角标记	'd'	瘦菱形标记
'<'	左三角标记	'*'	星形标记	'|'	垂直线标记

【实例 3-2】plot()函数颜色字符、风格字符和标记字符的组合应用。

```
import matplotlib.pyplot as plt
import numpy as np

a = np.arange(10)
plt.plot(a,a*1.5,'go-',a,a*2.5,'rx',a,a*3.5,'*',a,a*4.5,'b-.')
plt.show()
```

运行结果如图 3-4 所示。

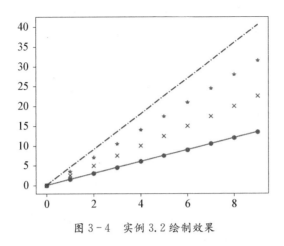

图 3-4　实例 3.2 绘制效果

　　pyplot 并不默认支持中文显示,为了正确的显示中文字体,需要 rcParams 修改字体实现,代码如下,其中,'SimHei'表示黑体字。

```
import matplotlib
matplotlib.rcParams['font.family'] = 'SimHei'
matplotlib.rcParams['font.sans-serif'] = 'SimHei'
```

　　rcParams 的属性如表 3-5 所示,可以通过修改相关属性来改变显示字体。

表 3-5　rcParams 的属性

属性	说明
'font.family'	用于显示字体的名字
'font.style'	字体风格,正常 'normal' 或 斜体 'italic'
'font.size'	字体大小,整数字号或者 'large'、'x-small'

　　常用的中文字体及其英文对照如表 3-6 所示,这些字体的英文表示在程序设计中较常用。

表 3-6　字体名称的中英文对照

中文字体	说明
'SimHei'	中文黑体
'Kaiti'	中文楷体
'LiSu'	中文隶书
'FangSong'	中文仿宋
'YouYuan'	中文幼圆
'STSong'	华文宋体

除了使用 rcParams 显示中文，还可以在有中文输出的地方增加一个属性 fontproperties，这也能够正确地显示中文。

【实例 3-3】中文的正确显示。

```
import matplotlib. pyplot as plt
import numpy as np

a = np. arange(0,5,0.02)

plt. xlabel(' 横轴:时间 ',fontproperties='SimHei',fontsize=20)
plt. ylabel(' 纵轴:振幅 ',fontproperties='SimHei',fontsize=20)
plt. plot(a, np. cos(2 * np. pi * a),'r--')
plt. show()
```

运行结果如图 3-5 所示。

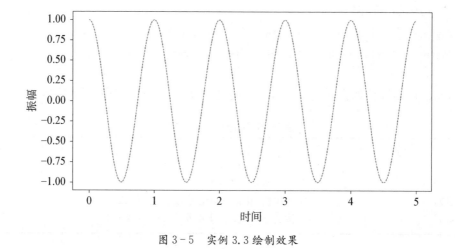

图 3-5　实例 3.3 绘制效果

3.3　**Matplotlib 图形绘制**

3.3.1　**折线图的绘制**

折线图可用于显示数据在一个连续的时间间隔或者时间跨度上的变化，它的特点是反映事物随时间或有序类别而变化的趋势。在折线图中，数据是递增还是递减、增减的速率、增减的规律（周期性、螺旋性等）、峰值等特征都可以清晰地反映出来。因此，折线图常用来分析数据随时间变化的趋势，也可用来分析多组数据随时间变化的相互作用和相互影响。

折线图常用于有序因变量的场景。例如,某监控系统的折线图表,显示了请求次数和响应时间随时间的变化趋势。但是,当水平轴的数据类型为无序的分类或者垂直轴的数据类型为连续时间时,不适合使用折线图;另外,当折线的条数过多时,也不建议使用折线图。

【实例3-4】绘制折线图。

本例使用Matplotlib绘制一个简单的折线图,再对其进行定制,以实现信息更加丰富的数据可视化。代码如下。

```python
import matplotlib.pyplot as plt

# 绘制普通图像
x_data = ['2011','2012','2013','2014','2015','2016','2017']
y_data = [58000,60200,63000,71000,84000,90500,107000]
y_data2 = [52000,54200,51500,58300,56800,59500,62700]

# 在绘制时设置lable,逗号是必需的
ln1, = plt.plot(x_data,y_data,color='red',linewidth=2.0,linestyle='--')
ln2, = plt.plot(x_data,y_data2,color='blue',linewidth=3.0,linestyle='-.')

# 设置坐标轴和标题
plt.xlabel('横轴:年份',fontproperties='SimHei',fontsize=20)
plt.ylabel('纵轴:销量',fontproperties='SimHei',fontsize=20)
plt.title("电子产品销售量",fontproperties='SimHei',fontsize=20) # 设置标题及字体

# 设置legend
plt.legend(handles = [ln1, ln2,], labels = ['鼠标销量','键盘销量'], fontsize=20, loc = 'best')
plt.show()
```

运行结果如图3-6所示。

3.3.2 散点图的绘制

散点图也叫 x-y 图,它是将所有的数据以点的形式展现在直角坐标系上,以显示变量之间的相互影响程度,点的位置由变量的数值决定。通过观察散点图上数据点的分布情况,可以推断出变量间的相关性。如果变量之间不存在相互关系,那么在散点图上就会表现为随机分布的离散的点;如果存在某种相关性,那么大部分的数据点就会相对密集并以某种趋势呈现。数据的相关关系主要分为正相关(两个变量值同时增长)、负相关(一个变量值增加另一个变量值下降)、不相关、线性相关、指数相关等。那些离点集群较远的点

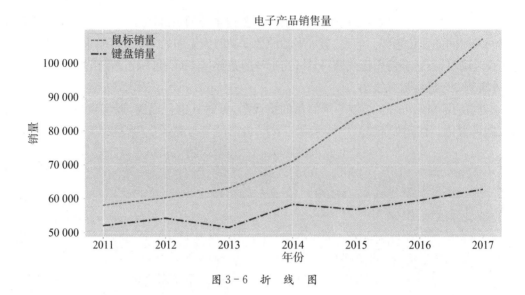

图 3 - 6 折 线 图

称为离群点或者异常点。散点图经常与回归线（最准确地贯穿所有点的线）结合使用，用来归纳分析现有数据以进行预测分析。

散点图通常用于显示和比较数值。不仅可以显示趋势，还能显示数据集群的形状，以及在数据云团中各数据点的关系。常见的散点图主要用于如男女身高和体重等离散型数值的展示。

【实例 3 - 5】绘制散点图。

本例使用 Matplotlib 绘制一个简单的散点图，再对其进行定制，以实现信息更加丰富的数据可视化。代码如下。

```python
import matplotlib. pyplot as plt
import numpy as np


# 绘制 10 个点的散点图
N = 10
x = np. random. rand(N)
y = np. random. rand(N)
plt. scatter(x, y)
plt. show()

# 绘制大小不同的散点图
N = 10
x = np. random. rand(N)
y = np. random. rand(N)
# 每个点随机大小
```

```
s = (30 * np. random. rand(N)) * * 2
plt. scatter(x, y, s=s)
plt. show()


# 绘制大小、颜色不同的散点图,更改透明度
N = 10
x = np. random. rand(N)
y = np. random. rand(N)
# 每个点随机大小
s = (30 * np. random. rand(N)) * * 2
# 随机颜色
c = np. random. rand(N)
plt. scatter(x, y, s=s, c=c, alpha=0. 5)
plt. show()


# 更改散点形状
N = 10
x = np. random. rand(N)
y = np. random. rand(N)
s = (30 * np. random. rand(N)) * * 2
c = np. random. rand(N)
plt. scatter(x, y, s=s, c=c, marker='~', alpha=0. 5)
plt. show()


# 同时绘制两组散点图
N = 10
x1 = np. random. rand(N)
y1 = np. random. rand(N)
x2 = np. random. rand(N)
y2 = np. random. rand(N)
s1 = (30 * np. random. rand(N)) * * 2
c1 = np. random. rand(N)
s2 = (20 * np. random. rand(N)) * * 2
c2 = np. random. rand(N)
plt. scatter(x1, y1, s=s1, c=c1, marker='o')
plt. scatter(x2, y2, s=s2, c=c2, marker='~', alpha=0. 5)
plt. show()
```

运行结果如图 3－7 所示。

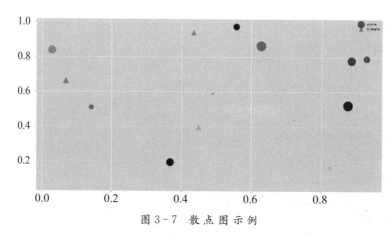

图 3－7　散点图示例

3.3.3　直方图的绘制

直方图是一种对数据分布情况的图形表示，是一种二维统计图表，它的两个坐标分别是统计样本和该样本对应的某个属性的度量。利用直方图可以很清晰地看出每个类的总和及各个属性的比例，但是不容易看出各个属性的频数。

直方图适合应用于分类数据对比，通常使用矩形的长度（宽度）来对比分类数据的大小，非常方便邻近的数据进行大小对比，比如一个游戏销量的图表，展示不同游戏类型的销量对比。但是当分类太多时，则不适合使用直方图，如对比不同省份的人口数量。另外，在展示连续数据趋势等问题时，也不适合使用直方图。

【实例 3－6】绘制直方图。

本例使用 Matplotlib 绘制一个简单的直方图，再对其进行定制，以实现信息更加丰富的数据可视化。代码如下。

```python
import matplotlib. pyplot as plt
import numpy as np

plt. rcParams['font. family']='SimHei'
plt. rcParams['font. size']=10

# 直方图
mu = 100
sigma = 20
x = np. random. normal(100,20,100)   # 均值和标准差
plt. hist(x,bins=20,color='red',histtype='stepfilled',alpha=0. 75)
plt. title(' 直方图数据分析与展示 ')
plt. show()
```

```
# 添加分布曲线
mu = 100
sigma = 20
x = np. random. normal(100,20,100) # 均值和标准差
# 指定分组个数
num_bins = 10
fig, ax = plt. subplots()
# 绘图并接受返回值
n, bins_limits, patches = ax. hist(x, num_bins, density=1)
# 添加分布曲线
ax. plot(bins_limits[:10],n,'--')
plt. title('直方图数据添加分布曲线')
plt. show()
```

```
# 不等距分组
fig, ax = plt. subplots()
bins = [50, 60, 70, 90, 100,110, 140, 150]
ax. hist(x, bins, density=1, histtype='bar', color="g",rwidth=0.8)
ax. set_title('不等距分组')
plt. show()
```

```
# 多类型直方图
# 用来正常显示负号
plt. rcParams['axes. unicode_minus']=False
n_bins=10
fig,ax=plt. subplots(figsize=(8,5))
# 分别生成 10000,5000,2000 个值
x_multi = [np. random. randn(n) for n in [10000, 5000, 2000]]
# 实际绘图代码与单类型直方图差异不大,只是增加了一个图例项
# 在 ax. hist 函数中先指定图例 label 名称
ax. hist(x_multi, n_bins, histtype='bar',label=list("ABC"))
ax. set_title('多类型直方图')
# 通过 ax. legend 函数来添加图例
ax. legend()
plt. show()
```

运行结果如图 3-8 所示。

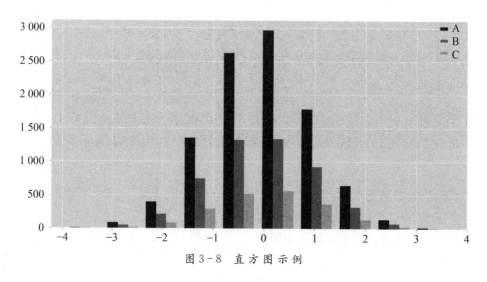

图 3-8　直方图示例

3.3.4　饼状图的绘制

饼状图常用于统计学模型。有 2D 与 3D 饼状图，2D 饼状图为圆形。饼状图显示一个数据系列中各项的大小与各项总和的比例。饼状图中的数据点显示为整个饼状图。

在工作中如果遇到需要计算各个部分构成比例的情况（例如总费用或金额的各部分占比），一般通过各个部分与总额相除来计算，而且这种比例表示方法很抽象，可以使用一种饼状图表工具，能够以图形的方式直接显示各个组成部分所占比例。

【实例 3-7】绘制饼状图。

本例使用 Matplotlib 绘制一个简单的饼状图，再对其进行定制，以实现信息更加丰富的数据可视化。代码如下。

```python
import matplotlib. pyplot as plt

# 饼状图
labels = 'Frogs','Hogs','Dogs','Logs'
sizes = [15,30,45,10]
plt. pie(sizes,labels=labels,autopct='%1.1f%%',shadow=False)
plt. show()

# 突出某一部分
labels = 'Frogs','Hogs','Dogs','Logs'
sizes = [15,30,45,10]
explode = (0,0.1,0,0) # 0.1 表示将 Hogs 那一块凸显出来
```

```
    plt. pie(sizes,explode＝explode,labels＝labels,autopct＝'%1. 1f%%',shadow＝
False)
    plt. show()


    ＃更换起始角度
    labels ＝ 'Frogs','Hogs','Dogs','Logs'
    sizes ＝ [15,30,45,10]
    explode ＝ (0,0. 1,0,0) ＃0. 1表示将 Hogs 那一块凸显出来
    plt. pie(sizes,explode＝explode,labels＝labels,autopct＝'%1. 1f%%',shadow＝
False,startangle＝90)
    ＃startangle 表示饼图的起始角度
    plt. show()


    ＃更换颜色,增加图例
    labels ＝ 'Frogs','Hogs','Dogs','Logs'
    sizes ＝ [15,30,45,10]
    explode ＝ (0,0. 1,0,0) ＃0. 1表示将 Hogs 那一块凸显出来
    colors ＝ ['tomato', 'lightskyblue', 'goldenrod', 'green', 'y']
    plt. pie(sizes,explode＝explode,labels＝labels,autopct＝'%1. 1f%%',shadow＝
False,startangle＝90,colors＝colors)
    ＃startangle 表示饼图的起始角度
    plt. title(' 饼状图示意图 ')
    plt. axis('equal')
    plt. legend(loc＝'upper right')
    plt. show()
```

运行结果如图 3-9 所示。

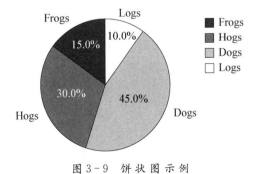

图 3-9　饼状图示例

本章介绍了如何利用相关数据可视化工具帮助人们更好地理解数据分析结果,解释了数据可视化常用图形及其应用场景。除了介绍的图形,Python 还可以实现条形图、箱型图、极坐标图、功率谱密度图等多种图形,感兴趣的同学可以在 Matplotlilb 的网站上进一步学习。

习　题

1. 请利用随机函数生成 1 000 个服从正态分布的随机数,并将其分成 10 组,绘制直方图。

2. 已知某班学生共 50 人,其中总成绩为 A、B、C、D 的人数分别为 8 人、20 人、17 人、5 人,请绘制出成绩分布的饼状图。

第4章

关联分析及应用

 **本章知识点**

(1) 熟悉关联分析的实现流程与步骤。

(2) 掌握 Apriori 算法的基本原理与使用方法。

(3) 分析金融产品销售状况。

(4) 分析金融产品间的关联关系。

　　关联分析是数据挖掘中一种简单而实用的技术,它通过深入分析数据集,寻找事物间的关联性,挖掘频繁出现的组合,并描述组合内对象同时出现的模式和规律。该技术不仅在商品推荐领域广泛使用,在医疗、保险、电信和证券等行业也同样大有可为。本章使用 Apriori 关联规则算法实现购物篮分析,发现不同金融产品之间的关联关系,并根据产品之间的关联规则制定销售策略。

4.1　背景与挖掘目标

　　"购物篮分析"是关联规则应用最常见的一个场景。在这个场景中,我们可以利用关联规则对顾客的购买记录数据库进行分析,发掘商品与商品之间的关联关系,找出顾客的购买行为特征和购买习惯的内在共性,并根据发现的规律而采取有效的行动,制定商品摆放、商品定价、新商品采购计划,通过商品捆绑销售或者相关推荐的方式带来更多的销售量。例如,对于面包与牛奶、薯片与可乐等,顾客会选择同时购买,但是当面包与牛奶或者薯片与可乐分布在商场的两侧,且距离遥远时,顾客的购买欲望就会减弱,在时间紧迫的情况下,顾客甚至会放弃购买某些计划购买的商品。相反,如果把牛奶与面包摆放在相邻的位置,既能给顾客提供便利,带来好的购物体验,又能提高顾客购买的概率,达到促销目的。

　　当前,关联规则的应用已经拓展到金融、证券、医疗、保险等多个行业,被广泛用于个性化产品推荐、风险分析、病症分析等各个场景。本节将基于金融产品的销售数据,利用关联规则中的 Apriori 算法发现不同金融产品的关联关系,将关系较强的产品组合销售,从而创造更高的经济收益。本节将实现以下目标：

（1）构建金融产品的 Apriori 关联规则模型，分析产品之间的关联性。

（2）根据模型结果给出销售建议。

4.2 了解关联规则

4.2.1 基本概念

关联规则的概念最早由 Agrawal、Imielinski 和 Swami 于 1993 年提出，最初的主要研究目的是分析超市顾客购买行为的规律，发现顾客连带购买的商品种类，为制定合理的方便顾客选取的货架摆放方案提供依据。关联规则是反映一个事物与其他事物之间的相互依存性与关联性，用于从大量数据中挖掘出有价值的数据项之间的相关关系，并从数据中分析出形如"由于某些事件的发生而引起另外一些事件的发生"之类的规则。

关联规则可定义为：假设 $I = \{I_1, I_2, \cdots, I_n\}$ 是项的集合，给定一个交易数据库 D，其中每个事务（transaction）t 是 I 的非空子集，即每一个交易都与一个唯一的标识符 TID（transaction ID）对应（见表 4-1）。

表 4-1　购物篮数据集合

TID	项集
1	{面包，牛奶}
2	{面包，尿布，啤酒，咖啡}
3	{牛奶，尿布，啤酒，可乐}
4	{牛奶，面包，尿布，啤酒}
5	{牛奶，面包，尿布，可乐}

关联规则在 D 中的支持度（support）是指 D 中事务同时包含 A、B 的百分比，即概率；置信度（confidence）是 D 中事务已经包含 A 的情况下，包含 B 的百分比，即条件概率。如果满足最小支持度阈值和最小置信度阈值，则认为关联规则是有趣的。阈值的设定根据挖掘需要人为设定。其中涉及的基本概念如下。

（1）关联规则。关联规则是形如 $A \rightarrow B$ 蕴含的表达式，其中 A 和 B 是不相交的项集，如{牛奶，尿布}→{啤酒}。

（2）项集。项集是指包含 0 个或多个项的集合，如{牛奶，咖啡，面包}。

（3）支持度计数。支持度计数是指包含特定项集的事务个数，如表中的({牛奶，面包，尿布})=2。

（4）支持度。支持度是指包含项集的事务数与总事务数的比值，支持度（Support）= $\frac{number(XY)}{num(All\ Samples)}$，如 $Support = \frac{\sigma(牛奶，尿布，啤酒)}{|T|} = \frac{2}{5} = 0.4$。

（5）频繁项。在多个事务中频繁出现的项就是频繁项。

（6）频繁项集。假设有一系列的事务，将这些事务中同时出现的频繁项组成一个子集,且子集满足最小支持度阈值(minimum support),这个集合称为频繁项集。

(7) 置信度。一个数据出现后,另一个数据出现的概率,即数据的条件概率,$\text{Confidence}(A \rightarrow B) = P(A \mid B) = P(AB)/P(B)$,如 $\text{Confidence} = \dfrac{\sigma(\text{牛奶,尿布,啤酒})}{\sigma(\text{牛奶,尿布})} = \dfrac{2}{3} = 0.67$。

(8) 提升度。表示在含有 B 的条件下,同时含有 A 的概率,与 A 总体发生的概率之比 $\text{Lift}(A \rightarrow B) = P(A|B)/P(B) = \text{Confidence}(A \rightarrow B)/P(XB)$,如 $\text{Lift} = \dfrac{c}{P(A)} = \dfrac{2}{3} \div \dfrac{3}{5} = 1.11$。

(9) 关联规则的强度。

① 支持度,确定项集的频繁程度;

② 置信度,确定 B 在包含 A 的事物中出现的频繁程度;

③ 提升度,在含有 A 的条件下同时含有 B 的可能性,与没有在这个条件下项集中含有 B 的可能性之比。关联规则提升度的意义在于度量项集 $\{A\}$ 和项集 $\{B\}$ 的独立性,即 $\text{Lift}(A \rightarrow B) = 1$,$\{A\}$、$\{B\}$ 相互独立。

若该值$=1$,说明事务 A 与事务 B 是独立的;

若该值<1,说明事务 A 与事务 B 是互斥的;

若该值>1,说明事务 A 与事务 B 是强项关联。

4.2.2 实现方法

关联分析的常用算法有 Apriori 算法和 FP-Growth 算法,本章将采用 Apriori 算法。

1. Apriori 算法

Apriori 算法是关联分析的常用算法,1994 年 Agrawal 等人在提出了著名的 Apriori 算法,该算法是一种挖掘关联规则的频繁项集算法,这里所有支持度大于最小支持度的项集称为频繁项集,简称频集。

1) Apriori 算法原理

如果一个项集是频繁的,则它的所有子集也一定是频繁的;反之,如果一个项集是非频繁的,则它的所有超集也一定是非频繁的。

基于 Apriori 原理,一旦发现某项集是非频繁的,即可将整个包含该超集的子集剪枝。这种基于支持度度量修剪指数搜索空间的策略称为基于支持度的剪枝。

如图 4-1 所示,若 D 为非频繁项集,则颜色加深部分就是被剪枝的超集,也就是非频繁项集。

2) Apriori 算法具体步骤

扫描数据库,生成候选项集和频繁项集。

从 2 项集开始循环,由频繁 $(k-1)$ 项集生成频繁 k 项集。

(1) 频繁 $(k-1)$ 项集两两组合,判定是否可以连接,若能则连接生成 k 项集。

(2) 对 k 项集中的每个项集检测其子集是否频繁,舍弃掉不是频繁项集的子集。

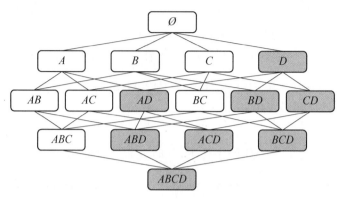

图 4 - 1　Apriori 算法原理

（3）扫描数据库，计算前一步中过滤后的 k 项集的支持度，舍弃掉支持度小于阈值的项集，生成频繁 k 项集。

若当前 k 项集中只有一个项集时，循环结束。

3）优缺点与适用场景

（1）优点。Apriori 算法是关联规则最常用也是最经典的分析频繁项集的算法，算法已大大压缩了频繁项集的大小，并可以取得良好性能。

（2）缺点。Apriori 算法每次计算支持度与置信度都需要重新扫描所有数据。其次，算法有的多次扫描事务数据的缺陷，在每一步产生候选集时循环产生的项集过多，没有排除不应该参与组合的元素。

（3）适用场景。Apriori 算法除了适用商品零售购物篮分析，近年来也广泛应用在金融行业中，可以成功预测银行客户的需求；还应用于网络安全领域，检测出用户行为的安全模式进而锁定攻击者。此外，Apriori 算法还可应用于高校管理、移动通信、中医证型等领域。

2. FP - Growth 算法

1）FP - Growth 算法原理

FP - Growth 算法被用于挖掘频繁项集，将数据集存储为 FP 树的数据结构，以更高效地发现频繁项集或频繁项对。相比于 Apriori 对每个潜在的频繁项集都扫描数据集判定是否满足支持度，FP - Growth 算法只需要对数据库进行两次遍历，就可以高效发现频繁项集，因此，它在大数据集上的速度显著优于 Apriori。

频繁模式树（frequent pattern tree）简称为 FP-tree，其通过链接来连接相似元素，被连起来的元素可以看成是一个链表。将事务数据表中的各个事务对应的数据项按照支持度排序后，把每个事务中的数据项按降序依次插入到一棵以 NULL 为根节点的树中，同时在每个结点处记录该结点出现的支持度。

2）FP - Growth 算法步骤

FP - Growth 算法的步骤，大体上可以分成两步：一是 FP-tree 的构建；二是在 FP - tree 上挖掘频繁项集。

（1）扫描第一遍数据库，找出频繁项。

（2）将记录按照频繁项集的支持度由大到小顺序重新排列。

（3）扫描第二遍数据库，产生 FP-tree。

（4）从 FP-tree 挖掘得到频繁项集。

4.2.3 关联模式的评价

在数据挖掘中，会产生大量的强关联规则，即满足最小支持度和最小置信度阈值，但其中很大一部分规则用户可能并不感兴趣。如何识别哪些强关联规则是用户真正有兴趣的呢？可以采用以下两种方法进行评价。

1. 客观标准

通过统计论据可以建立客观度量的标准，其中涉及相互独立的项或覆盖少量事务的模式被认为是不令人感兴趣的，因为其可能反映数据中的伪联系。

利用客观统计论据评价模式时，一般通过计算模式的客观兴趣度来度量，常见的方法有提升度与兴趣因子进行度量、相关分析进行度量和 IS 度量。

2. 主观标准

通过主观论据可以建立主观度量的标准。如果一个模式不能揭示料想不到的信息或提供导致有益的行动的有用信息，则主观认为该模式是无趣的。在评估关联模式时，将主观信息加入模式的评价中是一件比较困难的事情，因为这需要来自相关领域专家的大量先验信息作为支持。

4.3 分析过程与方法

金融产品关联规则挖掘的总体流程如图 4-2 所示。

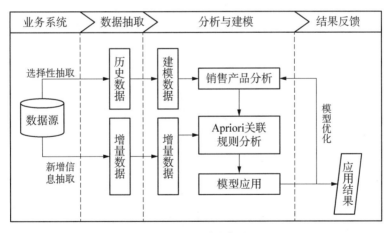

图 4-2 购物篮分析流程

金融产品关联规则挖掘的主要步骤如下。

（1）对原始数据进行数据探索性分析，分析金融产品的销售情况。

（2）对原始数据进行数据预处理，转换数据形式，使之符合 Apriori 关联规则算法要求。

（3）在步骤 2 得到的建模数据基础上，采用 Apriori 关联规则算法调整模型输入参数，完成产品关联性分析。

（4）结合实际业务，对模型结果进行分析，根据分析结果给出销售建议，最后输出关联规则结果。

4.3.1　数据探索分析

本案例的探索分析是查看数据特征以及对金融产品销售情况进行分析。探索数据特征是了解数据的第一步。分析产品销售情况和结构，是为了更好地实现企业的经营目标，也是产品管理中不可或缺的一部分。

某企业共收集了 3 000 个金融产品销售数据，它主要包括 2 个属性：用户编号和购买产品。

1. 数据特征

探索数据的特征是了解数据的第一步。查看数据特征，代码如下。

```
import pandas as pd

data = pd.read_excel('金融产品购买数据.xlsx')  ♯ 读取数据
data.info()  ♯ 查看数据属性
```

运行结果如下：

```
<class 'pandas.core.frame.DataFrame'>
RangeIndex: 3000 entries, 0 to 2999
Data columns (total 2 columns):
 #   Column   Non-Null Count  Dtype
---  ------   --------------  -----
 0   用户编号   3000 non-null   int64
 1   购买产品   3000 non-null   object
dtypes: int64(1), object(1)
```

结果显示，共有 3 000 个观测值，并不存在缺失值。

通过打印输出 data.head() 查看前 5 行数据，如表 4-2 所示。

表 4-2　金融产品销售情况

	用户编号	购买产品
0	0	华小智 2 号产品，华小智 4 号产品，华小智 5 号产品，华小智 6 号产品
1	1	华大智 1 号产品，华大智 2 号产品，华大智 5 号产品，华大智 6 号产品
2	2	华小智 9 号产品，华小智 10 号产品，华小智 12 号产品
3	3	华大智 1 号产品，华大智 5 号产品
4	4	华大智 5 号产品，华大智 6 号产品

2. 销售情况分析

为详细了解销售情况,对数据进一步进行分析。首先,观察金融产品组合的销售情况,对所有用户购买的金融产品组合进行统计,代码如下。

```
print(data['购买产品'].value_counts())
```

运行结果如下:

```
华大智1号产品,华大智3号产品,华大智4号产品,华大智5号产品,华大智6号产品        21
华大智1号产品,华大智2号产品,华大智6号产品                              21
华小智1号产品,华小智3号产品,华小智6号产品                              20
华小智8号产品,华小智11号产品                                       20
华小智7号产品,华小智9号产品,华小智10号产品,华小智11号产品,华小智12号产品      19
                                                          ..
华小智3号产品,华小智6号产品                                         4
华小智8号产品,华小智9号产品,华小智10号产品,华小智12号产品                   4
华中智1号产品,华中智2号产品,华中智3号产品,华中智4号产品,华中智5号产品,华中智6号产品   4
华小智2号产品,华小智3号产品                                         4
华大智2号产品,华大智6号产品                                         3
Name: 购买产品, Length: 280, dtype: int64
```

可以看出,3 000 名用户共购买了 280 中不同的产品组合,其中"华大智 1 号产品,华大智 3 号产品,华大智 4 号产品,华大智 5 号产品,华大智 6 号产品""华大智 1 号产品,华大智 2 号产品,华大智 6 号产品"两种产品组合购买的人员最多,均为 21 人。

把用户购买的产品组合进行拆分,统计金融产品的类别、销售总数量和每一种产品的销售数量,代码如下。

```
#将产品组合转化为列表
data['购买产品'] = data['购买产品'].apply(lambda x: x.split(','))

#利用 explode()函数将列表展开
data_new = data.explode('购买产品')

#
print(data_new['用户编号'].value_counts())
print(data_new['购买产品'].value_counts())
```

运行结果为

```
In[63]: print(data_new['用户编号'].value_counts())
2999      6
2868      6
2099      6
2458      6
378       6
In[64]: print(data_new['购买产品'].value_counts())
华大智6号产品      376
华小智7号产品      373
华小智11号产品     371
华大智3号产品      370
华大智2号产品      368
华大智1号产品      357
华小智9号产品      356
华大智4号产品      356
华小智10号产品     356
```

可以看出，用户最多一次购买了 6 种金融产品，而总共销售的金融产品共计 8 910 份，分为 30 种，销售最多的为"华大智 6 号产品"，共 376 份，占比 4.22%。

4.3.2　数据预处理

通过对数据探索分析发现数据完整，并不存在缺失值。建模之前需要转变数据的格式，才能使用 Apriori 函数进行关联分析。对数据进行转换，将其变为双重列表结构，代码如下。

```
# 转换为双重列表结构
products = data['购买产品'].tolist()
```

转换后的数据如下所示（部分数据）。

```
[['华小智2号产品', '华小智4号产品', '华小智5号产品', '华小智6号产品'],
 ['华大智1号产品', '华大智2号产品', '华大智5号产品', '华大智6号产品'],
 ['华小智9号产品', '华小智10号产品', '华小智12号产品'],
 ['华大智1号产品', '华大智5号产品'],
 ['华大智5号产品', '华大智6号产品'],
 ['华中智2号产品'],
```

4.3.3　模型构建

本案例的目标是探索商品之间的关联关系，因此采用关联规则算法，以挖掘它们之间的关联关系。关联规则算法主要用于寻找数据中项集之间的关联关系，它揭示了数据项间的未知关系。基于样本的统计规律，进行关联规则分析。根据所分析的关联关系，可通过一个属性的信息来推断另一个属性的信息。当置信度达到某一阈值时,就可以认为规则成立。本案例主要使用 Apriori 算法进行分析,python 中许多第三方库都提供了 Apriori 算法,下面分别利用 apyori 库和 mlxtend 库来完成分析工作。

1. 金融产品关联规则模型构建

本次金融产品关联规则建模的流程如图 4-3 所示。

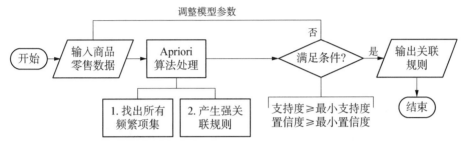

图 4-3 金融产品关联规则模型建模流程

模型主要由输入、算法处理、输出 3 个部分组成。输入部分包括建模样本数据和建模参数的输入。算法处理部分是采用 Apriori 关联规则算法进行处理。输出部分采用 Apriori 关联规则算法进行处理后的结果。

模型具体实现步骤:首先设置建模参数最小支持度、最小置信度,输入建模样本数据;然后采用 Apriori 关联规则算法对建模的样本数据进行分析,以模型参数设置的最小支持度、最小置信度以及分析目标作为条件,如果所有的规则都不满足条件,则需要重新调整模型参数,否则输出关联规则结果。

2. 通过 apyori 库分析关联关系

通过如下代码调用 apyori 库中的 apriori()函数对前期得到的金融产品销售列表 products 进行关联关系分析,代码如下。

```
from apyori import apriori
rules = apriori(products, min_support=0.01, min_confidence=0.5)
results = list(rules)
```

目前,如何设置最小支持度与最小置信度并没有统一的标准。大部分都是根据业务经验设置初始值,然后经过多次调整,获取与业务相符的关联规则结果。本案例经过多次调整并结合实际业务分析,选取模型的输入参数:最小支持度为 0.01、最小置信度为 0.5。

对于得到的结果,通过如下代码提取 results 中的关联规则,并通过字符串拼接更好地呈现关联规则,代码如下。

```
for i in results:   # 遍历 results 中的每一个频繁项集
    for j in i.ordered_statistics:   # 获取频繁项集中的关联规则
        X = j.items_base   # 关联规则的前件
```

```
Y = j. items_add   ♯ 关联规则的后件
L = j. lift       ♯ 提升度
x = ', '.join([item for item in X])   ♯ 连接前件中的元素
y = ', '.join([item for item in Y])   ♯ 连接后件中的元素
if x ！= '':   ♯ 防止出现关联规则前件为空的情况
    print(x + ' → ' + y + '  ' + 'lift=' + str(L))   ♯ 通过字符串
拼接的方式更好呈
```

运行结果如下（部分结果）：

```
华中智2号产品 → 华中智1号产品    lift=4.340487099107788
华中智1号产品 → 华中智3号产品    lift=4.673010338732718
华中智3号产品 → 华中智1号产品    lift=4.673010338732718
华中智4号产品 → 华中智1号产品    lift=4.286415162548092
华中智1号产品 → 华中智6号产品    lift=4.335082144880415
华中智6号产品 → 华中智1号产品    lift=4.335082144880416
华中智2号产品 → 华中智3号产品    lift=4.582308382249772
华中智2号产品 → 华中智6号产品    lift=4.390521532526899
华中智4号产品 → 华中智3号产品    lift=4.339155961418313
```

3. 通过 mlxtend 库分析关联关系

通过如下代码调用 mlxtend 库中的 apriori() 函数对前期得到的金融产品销售列表 products 进行关联关系分析。

首先，利用 mlxtend 库的 TransactionEncoder() 函数对数据进行预处理，将数据转换为 mlxtend 库方便处理的布尔值，并将其存储为 DataFrame 格式。代码如下所示。

```
from mlxtend. preprocessing import TransactionEncoder
TE = TransactionEncoder()   ♯ 构造转换模型
data_bool = TE. fit_transform(products)   ♯ 将原始数据转化为 bool 值
df = pd. DataFrame(data_bool, columns=TE. columns_)   ♯ 用 DataFrame 存
储 bool 数据
print(df. head())
```

通过 df. head() 打印输出 df 的前 5 行数据，如下所示，其中 True 表示购买了该产品，False 则表示没有购买过该产品。

	华中智1号产品	华中智2号产品	华中智3号产品	华中智4号产品	...	华小智6号产品	华小智7号产品	华小智8号产品	华小智9号产品
0	False	False	False	False	...	True	False	False	False
1	False	False	False	False	...	False	False	False	False
2	False	False	False	False	...	False	False	False	True
3	False	False	False	False	...	False	False	False	False
4	False	False	False	False	...	False	False	False	False

将数据处理为 mlxtend 库可接受的特定格式后,从 mlxtend 库引入 apriori()函数来挖掘数据中的频繁项集,代码如下。

```
from mlxtend.frequent_patterns import apriori
from mlxtend.frequent_patterns import association_rules

# 设置支持度求频繁项集
frequent_itemsets = apriori(df, min_support=0.01, use_colnames=True)
# 求关联规则,设置最小置信度为0.5
rules = association_rules(frequent_itemsets, metric='confidence', min_threshold=0.5)
# 设置最小提升度
rules = rules.drop(rules[rules.lift < 1.0].index)
# 设置标题索引并打印结果
rules.rename(columns={'antecedents': 'from', 'consequents': 'to', 'support': 'sup', 'confidence': 'conf'}, inplace=True)
rules = rules[['from', 'to', 'sup', 'conf', 'lift']]
print(rules)
```

运行结果显示如下:

```
                              from              to  ...      conf      lift
0                      (华中智2号产品)     (华中智1号产品)  ...  0.507837  4.340487
1                      (华中智3号产品)     (华中智1号产品)  ...  0.546742  4.673010
2                      (华中智1号产品)     (华中智3号产品)  ...  0.549858  4.673010
3                      (华中智4号产品)     (华中智1号产品)  ...  0.501511  4.286415
4                      (华中智6号产品)     (华中智1号产品)  ...  0.507205  4.335082
..                          ...             ...  ...       ...       ...
324  (华小智2号产品, 华小智6号产品, 华小智5号产品, 华小智1号产品)     (华小智3号产品)  ...  0.584906  5.606125
325  (华小智2号产品, 华小智6号产品, 华小智3号产品, 华小智5号产品)     (华小智1号产品)  ...  0.688889  6.042885
326  (华小智6号产品, 华小智3号产品, 华小智5号产品, 华小智1号产品)     (华小智2号产品)  ...  0.620000  5.723077
327  (华小智2号产品, 华小智3号产品, 华小智5号产品, 华小智1号产品)     (华小智6号产品)  ...  0.596154  5.139257
```

4.3.4 结果分析

整理输出结果如表4-3所示(部分结果)。

表4-3 联规则模型结果

from	to	支持度	置信度	lift
(华中智2号产品)	(华中智1号产品)	0.054000	0.507837	4.340487
(华中智3号产品)	(华中智1号产品)	0.064333	0.546742	4.67301
(华中智1号产品)	(华中智3号产品)	0.064333	0.549858	4.67301

（续表）

from	to	支持度	置信度	lift
（华中智 4 号产品）	（华中智 1 号产品）	0.055 333	0.501 511	4.286 415
（华中智 6 号产品）	（华中智 1 号产品）	0.058 667	0.507 205	4.335 082
（华中智 1 号产品）	（华中智 6 号产品）	0.058 667	0.501 425	4.335 082
（华中智 2 号产品）	（华中智 3 号产品）	0.057 333	0.539 185	4.582 308
（华中智 2 号产品）	（华中智 6 号产品）	0.054 000	0.507 837	4.390 522
（华中智 4 号产品）	（华中智 3 号产品）	0.056 333	0.510 574	4.339 156
（华中智 5 号产品）	（华中智 3 号产品）	0.057 000	0.505 917	4.299 579
（华中智 3 号产品）	（华中智 6 号产品）	0.060 667	0.515 581	4.457 47
（华中智 6 号产品）	（华中智 3 号产品）	0.060 667	0.524 496	4.457 47
（华中智 4 号产品）	（华中智 5 号产品）	0.055 667	0.504 532	4.478 092
（华中智 4 号产品）	（华中智 6 号产品）	0.056 333	0.510 574	4.414 185
（华大智 1 号产品）	（华大智 2 号产品）	0.060 333	0.507 003	4.133 175
（华大智 1 号产品）	（华大智 3 号产品）	0.060 333	0.507 003	4.110 834
（华大智 4 号产品）	（华大智 1 号产品）	0.060 333	0.508 427	4.272 496
（华大智 1 号产品）	（华大智 4 号产品）	0.060 333	0.507 003	4.272 496
（华大智 5 号产品）	（华大智 1 号产品）	0.059 000	0.507 163	4.261 877
（华大智 1 号产品）	（华大智 6 号产品）	0.066 333	0.557 423	4.447 524

对表格中的部分数据进行解释分析：

第一行 from 华中智 2 号产品 to 华中智 1 号产品，支持度约为 5.4%，置信度约为 50.78%。说明同时购买华中智 2 号产品、华中智 1 号产品这 2 种产品的概率达 50.78%，而这种情况发生的可能性约为 5.4%；提升度为 4.34，说明购买华中智 2 号产品能够促进华中智 1 号产品的购买。因此，顾客同时购买华中智 2 号产品和华中智 1 号产品的概率较高，两者的销售具有正相关性。

从顾客角度对模型结果进行分析：在现代生活中，金融投资越来越受到人们的重视，但由于信息的不对称性，顾客较难确定哪一种产品能够获得较大的收益。本着"不把鸡蛋放到同一个篮子里"的原则，顾客会同时购买多种金融产品，以降低风险，提高投资的安全性。

以上模型结果表明，顾客在购买金融产品时，经常会同时购买多种产品，所以可以考虑捆绑销售，或者适当调整产品结构，推出组合型金融产品，以满足顾客需求，提升顾客的购买体验。

习　题

1. Apriori 算法基本原理是什么？
2. 某事物数据集如表 4-4 所示，请使用 Apriori 算法求取关联规则。

表 4-4 数 据 集

序 号	商 品 名 称
1	{a, c, e}
2	{b, d}
3	{b, c}
4	{a, b, c, d}
5	{a, b}
6	{b, c}
7	{a, b}
8	{a, b, c, e}
9	{a, b, c}
10	{a, c, e}

第 5 章

主成分分析及应用

本章知识点

（1）熟悉主成分分析的基本原理。

（2）能根据标准化数据矩阵建立协方差矩阵 **R**。

（3）掌握根据协方差矩阵 **R** 求出特征值、主成分贡献率和累计方差贡献率，确定主成分个数。

（4）掌握通过 Python 实现主成分分析。

在一组多变量的数据中，很多变量常常是一起变动的。一个原因是很多变量是同一个驱动影响的结果。在很多系统中，只有少数几个这样的驱动，但是多余的仪器使我们测量了很多的系统变量。当这种情况发生的时候，我们需要处理的就是冗余的信息，可以通过用一个简单的新变量代替这组变量来简化此问题。

5.1 主成分分析法概述

5.1.1 主成分分析法简介

主成分分析法（principal component analysis，PCA）也称主分量分析，是考察多个变量之间相关性的一种多元统计方法。主成分分析旨在利用降维的思想，在尽量保证数据信息丢失最少的情况下，把多指标转化为少数几个综合指标。也就是根据多个变量之间的相关关系和某种线性组合进行转化，得到少数几个综合变量，这几个综合变量保留较多信息，并且之间是不相关的，转换后的这组变量称为主成分。

在统计学中，主成分分析是一种简化数据集的技术，它是一个线性变换。这个变换把数据变换到一个新的坐标系统中，使得任何数据投影的第一大方差在第一个坐标（称为第一主成分）上，第二大方差在第二个坐标（第二主成分）上，依次类推。主成分分析经常用减少数据集的维数，同时保持数据集对方差贡献最大的特征。这是通过保留低阶主成分、忽略高阶主成分做到的。这样低阶成分往往能够保留住数据最重要的方面。但是，这也不是一定的,要视具体应用而定。

5.1.2　主成分分析法降维的主要体现

主成分分析是最重要的降维方法之一,在数据压缩、消除冗余和数据噪声消除等方面有广泛的应用,其主要体现在以下几个方面。

(1) 能用来降低算法计算开销、去除噪声,以及使结果易于展示与理解等。

(2) 主成分分析就是找出数据里最主要的方面,用数据里最主要的方面来代原始数据。

(3) 主成分分析主要应用领域包括数据压缩、简化数据、数据可视化等。

5.1.3　主成分分析的基本思想

在实证问题研究中,为了全面、系统地分析问题,我们必须考虑众多影响因素。这些涉及的因素一般称为指标,在多元统计分析中也称为变量。因为每个变量都在不同程度上反映了所研究问题的某些信息,并且指标之间彼此有一定的相关性,因而所得的统计数据反映的信息在一定程度上有重叠。在用统计方法研究多变量问题时,变量太多会增加计算量和增加分析问题的复杂性,人们希望在进行定量分析的过程中,涉及的变量较少,得到的信息量较多。主成分分析正是适应这一要求产生的,是解决这类题的理想工具。

同样,在科普效果评估的过程中也存在着这样的问题。科普效果是很难具体量化的。在实际评估工作中,我们常常会选用几个有代表性的综合指标,采用打分的方法来进行评估,故综合指标的选取是个重点和难点。如上所述,主成分分析法正是解决这一问题的理想工具。因为评估所涉及的众多变量之间既然有一定的相关性,就必然存在着起支配作用的因素。根据这一点,通过对原始变量相关矩阵内部结构的关系研究,找出影响科普效果某一要素的几个综合指标,使综合指标为原来变量的线性拟合。这样,综合指标不仅保留了原始变量的主要信息,且彼此间不相关,又比原始变量具有某些更优越的性质,就使我们在研究复杂的科普效果评估问题时,容易抓住主要矛盾。上述想法可进一步概述为:设某科普效果评估要素涉及几个指标,对这些指标构成的随机向量做正交变换,令其中为正交矩阵的各分量是不相关的,使得各分量在某个评估要素中的作用容易解释,这就使得我们有可能从主分量中选择主要成分,删除对这一要素影响微弱的部分,通过对主分量的重点分析,达到对原始变量进行分析的目的。各分量是原始变量线性组合,不同的分量表示原始变量之间不同的影响关系。由于这些基本关系很可能与特定的作用过程相联系,主成分分析使我们能从错综复杂的科普评估要素的众多指标中找出一些主要成分,以便有效地利用大量统计数据,进行科普效果评估分析,使我们在研究科普效果评估问题中可能得到一些深层次的启发,把科普效果评估研究引向深入。例如,在对科普产品开发和利用这一要素的评估中,涉及科普创作人数百万人、科普作品发行量百万人、科普产业化(科普示范基地数百万人)等多项指标。经过主成分分析计算,最后确定一个或多个主成分作为综合评价科普产品利用和开发的综合指标,变量数减少,并达到一定的可信度,就容易进行科普效果的评估。

5.1.4 主成分分析法的基本原理

主成分分析法是一种降维的统计方法，是借助于一个正交变换，将其分量相关的原随机向量转化成其分量不相关的新随机向量。这在代数上表现为将原随机向量的协方差阵变换成对角形阵，在几何上表现为将原坐标系变换成新的正交坐标系，使之指向样本点散布最开的 p 个正交方向，然后对多维变量系统进行降维处理，使之能以一个较高的精度转换成低维变量系统，再通过构造适当的价值函数，进一步把低维系统转化成一维系统。

主成分分析的原理是设法将原来变量重新组合成一组新的相互无关的几个综合变量，同时根据实际需要从中取出几个较少的综合变量，尽可能多地反映原来变量的信息，它也是数学上处理降维的一种方法。主成分分析是设法将原来众多具有一定相关性（比如 p 个指标），重新组合成一组新的互相无关的综合指标来代替原来的指标。通常数学上的处理就是将原来 p 个指标作线性组合，作为新的综合指标。最经典的做法就是用 F_1（选取的第一个线性组合，即第一个综合指标）的方差来表达，即 $\mathrm{Var}(F_1)$ 越大，表示 F_1 包含的信息越多。因此在所有的线性组合中选取的 F_1 应该是方差最大的，故称 F_1 为第一主成分。如果第一主成分不足以代表原来 p 个指标的信息，再考虑选取 F_2，即选第二个线性组合，为了有效地反映原来信息，F_1 已有的信息就不需要再出现在 F_2 中，用数学语言表达就是要求 $\mathrm{Cov}(F_1, F_2)=0$，则称 F_2 为第二主成分，依此类推可以构造第三，第四，……，第 p 个主成分。

5.1.5 主成分分析的主要作用

主成分分析主要作用有以下几个方面。

（1）主成分分析能降低所研究数据空间的维数。即用研究 m 维的 Y 空间代替 p 维的 X 成分分析空间（$m<p$），而低维的 Y 空间代替高维的 X 空间所损失的信息很少。即使只有一个主成分 Y_l（即 $m=1$）时，这个 Y_l 仍是使用全部 X 变量（p 个）得到的。例如要计算 Y_1 的均值也要使用全部 X 的均值。在所选的前 m 个主成分中，如果某个 X_i 的系数全部近似于零，就可以把这个 X_i 删除，这也是一种删除多余变量的方法。

（2）有时可通过因子负荷 a_{ij} 的结论，弄清 X 变量间的某些关系。

（3）主成分分析是多维数据的一种图形表示方法。我们知道当维数大于 3 时便不能画出几何图形，多元统计研究的问题大都超过 3 个变量，要把研究的问题用图形表示出来是不可能的。然而，经过主成分分析后，我们可以选取前两个主成分或其中某两个主成分，根据主成分的得分，画出 n 个样品在二维平面上的分布情况，由图形可直观地看出各样品在主分量中的地位，进而还可以对样本进行分类处理，可以由图形发现远离大多数样本点的离群点。

（4）由主成分分析法构造回归模型，即把各主成分作为新自变量代替原来自变量 X 做回归分析。

（5）用主成分分析筛选回归变量。回归变量的选择有着重要的实际意义，为了使模型本身易于做结构分析、控制和预报，便于从原始变量所构成的子集合中选择最佳变量，构成最佳变量集合。用主成分分析筛选变量，可以用较少的计算量来选择量，获得选择最佳变量子集合的效果。

5.1.6　主成分分析的主要应用领域

（1）主成分分析可以进行综合打分。比如员工绩效的评估和排名、城市发展综合指标等。这类情况只要求得出一个综合打分，因此使用主成分分析比较适合。相对于单项成绩简单加总的方法，主成分分析会使得评分更聚焦于单一维度，即更关注这些原始变量的共同部分，去除不相关的部分。不过，当主成分分析不支持取一个主成分时，就不能使用该方法了。

（2）主成分分析可以对数据进行描述。描述产品情况，比如著名的波士顿矩阵、子公司的业务发展状况、区域投资潜力等，这类情况需要将多个变量压缩到少数几个主成分进行描述，能压缩到两个主成分是最理想的。这类分析一般只进行主成分分析是不充分的，进行因子分析会更好。

（3）主成分分析为聚类或回归等分析提供变量压缩。消除数据分析中的共线性问题。消除共线性常用的有 3 种方法：①在同类变量中保留一个最有代表性的变量，即变量聚类；②保留主成分或因子；③从业务理解上进行变量修改。

（4）去除数据中的噪声。比如图像识别。

5.2　主成分分析法代数模型

假设用 p 个变量来描述研究对象，分别用 X_1，X_2，$\cdots$，X_p 来表示，这 p 个变量构成的 p 维随机向量为 $\boldsymbol{X} = (X_1, X_2, \cdots, X_p)^t$。设随机向量 $\boldsymbol{X}$ 的均值为 μ，协方差矩阵为 $\boldsymbol{\Sigma}$。假设 $\boldsymbol{X}$ 是以 n 个标量随机变量组成的列向量，并且 μ_k 是其第 k 个元素的期望值，即 $\mu_k = E(x_k)$，协方差矩阵可定义为

$$\boldsymbol{\Sigma} = E\{(\boldsymbol{X} - E[\boldsymbol{X}])(\boldsymbol{X} - E[\boldsymbol{X}])\} =$$

$$\begin{bmatrix} E(X_1 - \mu_1)(X_1 - \mu_1) & E(X_1 - \mu_1)(X_2 - \mu_2) & \cdots & E(X_1 - \mu_1)(X_n - \mu_n) \\ E(X_2 - \mu_2)(X_1 - \mu_1) & E(X_2 - \mu_2)(X_2 - \mu_2) & \cdots & E(X_2 - \mu_2)(X_n - \mu_n) \\ \vdots & \vdots & & \vdots \\ E(X_n - \mu_n)(X_1 - \mu_1) & E(X_n - \mu_n)(X_2 - \mu_2) & \cdots & E(X_n - \mu_n)(X_n - \mu_n) \end{bmatrix}$$

对 $\boldsymbol{X}$ 进行线性变化，考虑原始变量的线性组合：

$$\begin{cases} Z_1 = \mu_{11}X_1 + \mu_{12}X_2 + \cdots + \mu_{1p}X_p \\ Z_2 = \mu_{21}X_1 + \mu_{22}X_2 + \cdots + \mu_{2p}X_p \\ \quad\quad \cdots\cdots \\ Z_p = \mu_{p1}X_1 + \mu_{p2}X_2 + \cdots + \mu_{pp}X_p \end{cases}$$

主成分是不相关的线性组合 Z_1，Z_2，$\cdots$，Z_p，并且 Z_1 是 X_1，X_2，$\cdots$，X_p 的线性组合中方差最大者，Z_2 是与 Z_1 不相关的线性组合中方差最大者，$\cdots\cdots Z_p$ 是与 Z_1，Z_2，$\cdots$，Z_{p-1} 都不相关的线性组合中方差最大者。

5.3 主成分分析法步骤与方法

5.3.1 主成分分析法基本步骤

第一步：设估计样本数为 n，选取的财务指标数为 p，则由估计样本的原始数据可得矩阵 $\boldsymbol{X}=(x_{ij})_{m\times p}$，其中，$x_{ij}$ 表示第 i 家上市公司的第 j 项财务指标数据。

第二步：为了消除各项财务指标在量纲化和数量级上的差别，对指标数据进行标准化，得到标准化矩阵（系统自动生成）。

第三步：根据标准化数据矩阵建立协方差矩阵 $\boldsymbol{R}$，这是反映标准化后的数据之间相关关系密切程度的统计指标，若值越大，说明有必要对数据进行主成分分析。其中，$R_{ij}(i,j=1,2,\cdots,p)$ 为原始变量 X_i 与 X_j 的相关系数。$\boldsymbol{R}$ 为实对称矩阵（即 $R_{ij}=R_{ji}$），只需计算其上三角元素或下三角元素即可，其计算公式为

$$R_{ij}=\frac{\sum\limits_{k=1}^{n}(X_{kj}-X_i)(X_{kj}-X_j)}{\sqrt{\sum\limits_{k=1}^{n}(X_{kj}-X_i)^2(X_{kj}-X_j)^2}}$$

第四步：根据协方差矩阵 $\boldsymbol{R}$ 求出特征值、主成分贡献率和累计方差贡献率，确定主成分个数。解特征方程 $|\lambda E-R|=0$，求出特征值 $\lambda_i(i=1,2,\cdots,p)$。因为 $\boldsymbol{R}$ 是正定矩阵，所以其特征值 λ_i 都为正数，将其按大小顺序排列，即 $\lambda_1\geqslant\lambda_2\geqslant\cdots\geqslant\lambda_i\geqslant0$。特征值是各主成分的方差，它的大小反映了各个主成分的影响力。主成分 Z_i 的贡献率 $W_i=\lambda_j\Big/\sum\limits_{j=1}^{p}\lambda_j$，累计贡献率为 $\sum\limits_{j=1}^{m}\lambda_j\Big/\sum\limits_{j=1}^{p}\lambda_j$。根据选取主成分个数的原则，特征值要求大于 1 且累计贡献率达 80%～95% 的特征值。$\lambda_1,\lambda_2,\cdots,\lambda_m$ 所对应的 $1,2,\cdots,m(m\leqslant p)$，其中整数 m 即为主成分的个数。

第五步：建立初始因子载荷矩阵，解释主成分。因子载荷量是主成分 Z_i 与原始指标 X_i 的相关系数 $R(Z_i,X_i)$，揭示了主成分与各财务比率之间的相关程度，利用它可较好地解释主成分的经济意义。

第六步：计算企业财务综合评分函数 F_m，计算出上市公司的综合值，并进行降序排列：$F_m=W_1Z_1+W_2Z_2+\cdots+W_iZ_i$

5.3.2 主成分分析法分析

1. 总体主成分分析

1）定义

设 $X_1,X_2,\cdots,X_p$ 为某实际问题所涉及的 p 个随机变量。记 $X=(X_1,X_2,\cdots,X_p)^{\mathrm{T}}$，其协方差矩阵为

$$\boldsymbol{\Sigma}=(\sigma_{ij})_{p\times p}=E[(X-E(X))(X-E(X))^{\mathrm{T}}],$$

它是一个 p 阶非负定矩阵。设

$$
\begin{cases}
Y_1 = l_1^\mathrm{T} X = l_{11} X_1 + l_{12} X_2 + \cdots + l_{1p} X_p \\
Y_2 = l_2^\mathrm{T} X = l_{21} X_1 + l_{22} X_2 + \cdots + l_{2p} X_p \\
\qquad\qquad \cdots\cdots \\
Y_p = l_p^\mathrm{T} X = l_{p1} X_1 + l_{p2} X_2 + \cdots + l_{pp} X_p
\end{cases}
\tag{5-1}
$$

则有

$$
\mathrm{Var}(Y_i) = \mathrm{Var}(l_i^\mathrm{T} X) = l_i^\mathrm{T} \boldsymbol{\Sigma} l_i,\ i = 1,\ 2,\ \cdots,\ p,
\tag{5-2}
$$
$$
\mathrm{Cov}(Y_i,\ Y_j) = \mathrm{Cov}(l_i^\mathrm{T} X,\ l_j^\mathrm{T} X) = l_i^\mathrm{T} \boldsymbol{\Sigma} l_j,\ j = 1,\ 2,\ \cdots,\ p。
$$

第 i 个主成分：一般地，在约束条件 $l_i^\mathrm{T} l_i = 1$ 及 $\mathrm{Cov}(Y_i,\ Y_k) = l_i^\mathrm{T} \boldsymbol{\Sigma} l_k = 0,\ k = 1,\ 2,\ \cdots,$ $i-1$ 下，求 l_i 使 $\mathrm{Var}(Y_i)$ 达到最大，由此 l_i 所确定的 $Y_i = l_i^\mathrm{T} X$ 称为 $X_1,\ X_2,\ \cdots,\ X_p$ 的第 i 个主成分。

2）总体主成分的计算

设 $\boldsymbol{\Sigma}$ 是 $X = (X_1,\ X_2,\ \cdots,\ X_p)^\mathrm{T}$ 的协方差矩阵，$\boldsymbol{\Sigma}$ 的特征值及相应的正交单位化特征向量分别为 $\lambda_1 \geqslant \lambda_2 \geqslant \cdots \geqslant \lambda_p \geqslant 0$ 及 $e_1,\ e_2,\ \cdots,\ e_p$，则 X 的第 i 个主成分为

$$
Y_i = e_i^\mathrm{T} X = e_{i1} X_1 + e_{i2} X_2 + \cdots + e_{ip} X_p,\ i = 1,\ 2,\ \cdots,\ p
\tag{5-3}
$$

此时

$$
\begin{cases}
\mathrm{Var}(Y_i) = e_i^\mathrm{T} \boldsymbol{\Sigma} e_i = \lambda_i,\ i = 1,\ 2,\ \cdots,\ p \\
\mathrm{Cov}(Y_i,\ Y_k) = e_i^\mathrm{T} \boldsymbol{\Sigma} e_k = 0,\ i \neq k
\end{cases}
$$

3）总体主成分的性质

（1）主成分的协方差矩阵及总方差。

记 $\boldsymbol{Y} = (Y_1,\ Y_2,\ \cdots,\ Y_p)^\mathrm{T}$ 为主成分向量，则 $\boldsymbol{Y} = \boldsymbol{P}^\mathrm{T} X$，其中，$\boldsymbol{P} = (e_1,\ e_2,\ \cdots,\ e_p)$，且

$$
\mathrm{Cov}(Y) = \mathrm{Cov}(\boldsymbol{P}^\mathrm{T} X) = \boldsymbol{P}^\mathrm{T} \boldsymbol{\Sigma} \boldsymbol{P} = \boldsymbol{\Lambda} = \mathrm{Diag}(\lambda_1,\ \lambda_2,\ \cdots,\ \lambda_p)
$$

由此得主成分的总方差为

$$
\sum_{i=1}^{p} \mathrm{Var}(Y_i) = \sum_{i=1}^{p} \lambda_i = \mathrm{tr}(\boldsymbol{P}^\mathrm{T} \boldsymbol{\Sigma} \boldsymbol{P}) = \mathrm{tr}(\boldsymbol{\Sigma} \boldsymbol{P} \boldsymbol{P}^\mathrm{T}) = \mathrm{tr}(\boldsymbol{\Sigma}) = \sum_{i=1}^{p} \mathrm{Var}(X_i)
$$

即主成分分析是把 p 个原始变量 $X_1,\ X_2,\ \cdots,\ X_p$ 的总方差

$$
\sum_{i=1}^{p} \mathrm{Var}(X_i)
$$

分解成 p 个互不相关变量 $Y_1,\ Y_2,\ \cdots,\ Y_p$ 的方差之和，即

$$
\sum_{i=1}^{p} \mathrm{Var}(Y_i)
$$

而 $\mathrm{Var}(Y_k) = \lambda_k$。

第 k 个主成分的贡献率：$\dfrac{\lambda_i}{\sum\limits_{i=1}^{p} \lambda_i}$

前 m 个主成分累计贡献率：$\dfrac{\sum\limits_{i=1}^{m} \lambda_i}{\sum\limits_{i=1}^{p} \lambda_i}$，它表明前 m 个主成分 Y_1，Y_2，…，Y_m 综合提供 X_1，X_2，…，X_p 中信息的能力。

（2）主成分 Y_i 与变量 X_j 的相关系数。

由于 $\boldsymbol{Y} = \boldsymbol{P}^{\mathrm{T}} \boldsymbol{X}$，故 $\boldsymbol{X} = \boldsymbol{P}\boldsymbol{Y}$，从而

$$X_j = e_{1j} Y_1 + e_{2j} Y_2 + \cdots + e_{pj} Y_p$$

$$\mathrm{Cov}(Y_i，X_j) = \lambda_i e_{ij}$$

由此可得 Y_i 与 X_j 的相关系数为

$$\rho_{Y_i，x_j} = \frac{\mathrm{Cov}(Y_i，X_j)}{\sqrt{\mathrm{Var}(Y_i)}\,\sqrt{\mathrm{Var}(X_j)}} = \frac{\lambda_i e_{ij}}{\sqrt{\lambda_i}\,\sqrt{\sigma_{jj}}} = \frac{\sqrt{\lambda_i}}{\sqrt{\sigma_{jj}}} e_{ij} \tag{5-4}$$

4）标准化变量的主成分

在实际问题中，不同的变量往往有不同的量纲，由于不同的量纲会引起各变量取值的分散程度差异较大，这时总体方差则主要受方差较大的变量的控制。为了消除由于量纲的不同可能带来的影响，常采用变量标准化的方法，即令

$$X_i^* = \frac{X_i - \mu_i}{\sqrt{\sigma_{ii}}}，\ i = 1，2，\cdots，p \tag{5-5}$$

其中，$\mu_i = E(X_i)$，$\sigma_{ii} = \mathrm{Var}(X_i)$。这时

$$\boldsymbol{X}^* = (X_1^*，X_2^*，\cdots，X_p^*)^{\mathrm{T}}$$

的协方差矩阵便是

$$\boldsymbol{X} = (X_1，X_2，\cdots，X_p)^{\mathrm{T}}$$

的相关矩阵 $\boldsymbol{\rho} = (\rho_{ij})_{p \times p}$，其中

$$\rho_{ij} = E(X_i^* X_j^*) = \frac{\mathrm{Cov}(X_i，X_j)}{\sqrt{\sigma_{ii} \sigma_{jj}}} \tag{5-6}$$

利用 $\boldsymbol{X}$ 的相关矩阵 $\boldsymbol{\rho}$ 做主成分分析，有如下结论：

设 $\boldsymbol{X}^* = (X_1^*，X_2^*，\cdots，X_p^*)^{\mathrm{T}}$ 为标准化的随机向量，其协方差矩阵（即 $\boldsymbol{X}$ 的相关矩阵）为 $\boldsymbol{\rho}$，则 $\boldsymbol{X}^*$ 的第 i 个主成分为

$$Y_i^* = (e_i^*)^{\mathrm{T}} X^* = e_{i1}^* \frac{X_1 - \mu_1}{\sqrt{\sigma_{11}}} + e_{i2}^* \frac{X_2 - \mu_2}{\sqrt{\sigma_{22}}} + \cdots + e_{ip}^* \frac{X_p - \mu_p}{\sqrt{\sigma_{pp}}}，\ i = 1，2，\cdots，p$$

$$\tag{5-7}$$

并且

$$\sum_{i=1}^{p} \mathrm{Var}(Y_i^*) = \sum_{i=1}^{p} \lambda_i^* = \sum_{i=1}^{p} \mathrm{Var}(X_i^*) = p \tag{5-8}$$

其中, $\lambda_1^* \geqslant \lambda_2^* \geqslant \cdots \geqslant \lambda_p^* \geqslant 0$ 为 $\boldsymbol{\rho}$ 的特征值, $e_i^* = (e_{i1}^*, e_{i2}^*, \cdots, e_{ip}^*)^{\mathrm{T}}$ 为相应于特征值 λ_i^* 的正交单位的特征向量。

第 i 个主成分的贡献率为 $\dfrac{\lambda_i^*}{\boldsymbol{p}}$;

前 m 个主成分的累计贡献率为 $\dfrac{\sum\limits_{i=1}^{m} \lambda_i^*}{\boldsymbol{p}}$;

Y_i^* 与 X_i^* 的相关系数为 $\rho_{Y_i^*, X_j^*} = \sqrt{\lambda_i^*} \, e_{ij}^*$。

2. 样本主成分

前面讨论的是总体主成分,但在实际问题中,一般 $\boldsymbol{\Sigma}$(或 $\boldsymbol{\rho}$)是未知的,需要通过样本来估计。设

$$\boldsymbol{x}_i = (x_{i1}, x_{i2}, \cdots, x_{ip})^{\mathrm{T}}, \ i = 1, 2, \cdots, n$$

为取自 $\boldsymbol{X} = (X_1, X_2, \cdots, X_p)^{\mathrm{T}}$ 的一个容量为 n 的简单随机样本,则样本协方差矩阵及样本相关矩阵分别为

$$\begin{aligned} \boldsymbol{S} &= (s_{ij})_{p \times p} = \frac{1}{n-1} \sum_{k=1}^{n} (x_k - \bar{x})(x_k - \bar{x})^{\mathrm{T}} \\ \boldsymbol{R} &= (r_{ij})_{p \times p} = \left(\frac{s_{ij}}{\sqrt{s_{ii} s_{jj}}} \right) \end{aligned} \tag{5-9}$$

其中,

$$\bar{x} = (\bar{x}_1, \bar{x}_2, \cdots, \bar{x}_p)^{\mathrm{T}}, \ \bar{x}_j = \frac{1}{n} \sum_{i=1}^{n} x_{ij}, \quad j = 1, 2, \cdots, p$$

$$s_{ij} = \frac{1}{n-1} \sum_{k=1}^{n} (x_{ki} - \bar{x}_i)(x_{kj} - \bar{x}_j), \quad i, j = 1, 2, \cdots, p$$

分别以 $\boldsymbol{S}$ 和 $\boldsymbol{R}$ 作为 $\boldsymbol{\Sigma}$ 和 $\boldsymbol{\rho}$ 的估计,然后按总体主成分分析的方法作样本主成分分析。

5.4　主成分分析法操作流程

第一步:设估计样本数为 n,选取的财务指标数为 p,则由估计样本的原始数据可得矩阵 $\boldsymbol{X} = (x_{ij})_{m \times p}$,其中, x_{ij} 表示第 i 家上市公司的第 j 项财务指标数据。

第二步:为了消除各项财务指标之间在量纲化和数量级上的差别,对指标数据进行标准化,得到标准化矩阵(系统自动生成)。

第三步:根据标准化数据矩阵建立协方差矩阵 $\boldsymbol{R}$,是反映标准化后的数据之间相关关

系密切程度的统计指标,值越大,说明有必要对数据进行主成分分析。其中,$R_{ij}(i,j=1,2,\cdots,p)$ 为原始变量 X_i 与 X_j 的相关系数。$\boldsymbol{R}$ 为实对称矩阵（即 $R_{ij}=R_{ji}$）,只需计算其上三角元素或下三角元素即可,其计算公式为

$$R_{ij}=\frac{\sum\limits_{k=1}^{n}(X_{kj}-X_i)(X_{kj}-X_j)}{\sqrt{\sum\limits_{k=1}^{n}(X_{kj}-X_i)^2(X_{kj}-X_j)^2}}$$

第四步:根据协方差矩阵 $\boldsymbol{R}$ 求出特征值、主成分贡献率和累计方差贡献率,确定主成分个数。解特征方程 $|\lambda E-\boldsymbol{R}|=0$,求出特征值 $\lambda_i(i=1,2,\cdots,p)$。因为 $\boldsymbol{R}$ 是正定矩阵,所以其特征值 λ_i 都为正数,将其按大小顺序排列,即 $\lambda_1\geqslant\lambda_2\geqslant\cdots\geqslant\lambda_i\geqslant0$。特征值是各主成分的方差,它的大小反映了各个主成分的影响力。主成分 Z_i 的贡献率为 $W_i=\lambda_j\Big/\sum\limits_{j=1}^{p}\lambda_j$,累计贡献率为 $\sum\limits_{j=1}^{m}\lambda_j\Big/\sum\limits_{j=1}^{p}\lambda_j$。根据选取主成分个数的原则,特征值要求大于 1 且累计贡献率达 $80\%\sim95\%$ 的特征值 $\lambda_1,\lambda_2,\cdots,\lambda_m$ 所对应的 $1,2,\cdots,m(m\leqslant p)$,其中,整数 m 即为主成分的个数。

第五步:建立初始因子载荷矩阵,解释主成分。因子载荷量是主成分 Z_i 与原始指标 X_i 的相关系数 $\boldsymbol{R}(Z_i,X_i)$,揭示了主成分与各财务比率之间的相关程度,利用它可较好地解释主成分的经济意义。

第六步:计算企业财务综合评分函数 F_m,计算出上市公司的综合值,并进行降序排列:$F_m=W_1Z_1+W_2Z_2+\cdots+W_iZ_i$

5.5 主成分分析法应用

某市为了全面分析机械类个企业的经济效益,选择了 8 个不同的利润指标,14 家企业关于这 8 个指标的统计数据如表 5-1 所示,试进行主成分分析。

表 5-1 14 家企业的利润指标的统计数据

企业序号	x_{i1}（净产值利润率）/%	x_{i2}（固定资产利润率）/%	x_{i3}（总产值利润率）/%	x_{i4}（销售收入利润率）/%	x_{i5}（净产值利润率/%）	x_{i6}（物耗利润率/%）	x_{i7}（人均利润率）/%	x_{i8}（流动资金利润率）/%
1	40.4	24.7	7.2	6.1	8.3	8.7	2.442	20.0
2	25.0	12.7	11.2	11.0	12.9	20.2	3.542	9.1
3	13.2	3.3	3.9	4.3	4.4	5.5	0.578	3.6
4	22.3	6.7	5.6	3.7	6.0	7.4	0.176	7.3
5	34.3	11.8	7.1	7.1	8.0	8.9	1.726	27.5
6	35.6	12.5	16.4	16.7	22.8	29.3	3.017	26.6
7	22.0	7.8	9.9	10.2	12.6	17.6	0.847	10.6
8	48.4	13.4	10.9	9.9	10.9	13.9	1.772	17.8
9	40.6	19.1	19.8	19.0	29.7	39.6	2.449	35.8
10	24.8	8.0	9.8	8.9	11.9	16.2	0.789	13.7

企业序号	x_{i1}（净产值利润率）/%	x_{i2}（固定资产利润率）/%	x_{i3}（总产值利润率）/%	x_{i4}（销售收入利润率）/%	x_{i5}（净产值利润率/%）	x_{i6}（物耗利润率/%）	x_{i7}（人均利润率）/%	x_{i8}（流动资金利润率）/%
11	12.5	9.7	4.2	4.2	4.6	6.5	0.874	3.9
12	1.8	0.6	0.7	0.7	0.8	1.1	0.056	1.0
13	32.3	13.9	9.4	8.3	9.8	13.3	2.126	17.1
14	38.5	9.1	11.3	9.5	12.2	16.4	1.327	11.6

解 样本均值向量为

$$\bar{x} = (27.979 \quad 10.950 \quad 9.100 \quad 8.543 \quad 11.064 \quad 14.614 \quad 1.552 \quad 14.686)^{\mathrm{T}},$$

样本协方差矩阵为

$$S = \begin{bmatrix} 168.333 & 60.357 & 45.757 & 41.215 & 57.906 & 71.672 & 8.602 & 101.620 \\ & 37.207 & 16.825 & 15.505 & 23.535 & 29.029 & 4.785 & 44.023 \\ & & 24.843 & 24.335 & 36.478 & 49.278 & 3.629 & 39.410 \\ & & & 24.423 & 36.283 & 49.146 & 3.675 & 38.718 \\ & & & & 56.046 & 75.404 & 5.002 & 59.723 \\ & & & & & 103.018 & 6.821 & 74.523 \\ & & & & & & 1.137 & 6.722 \\ & & & & & & & 102.707 \end{bmatrix}$$

$$S = \begin{bmatrix} 168.33 & 60.357 & 45.758 & 41.216 & 57.906 & 71.672 & 8.602 & 101.62 \\ 60.357 & 37.207 & 16.825 & 15.505 & 23.535 & 29.029 & 4.7846 & 44.023 \\ 45.758 & 16.825 & 24.843 & 24.335 & 36.478 & 49.278 & 3.629 & 39.41 \\ 41.216 & 15.505 & 24.335 & 24.423 & 36.283 & 49.146 & 3.6747 & 38.718 \\ 57.906 & 23.535 & 36.478 & 36.283 & 56.046 & 75.404 & 5.0022 & 59.723 \\ 71.672 & 29.029 & 49.278 & 49.146 & 75.404 & 103.02 & 6.8215 & 74.523 \\ 8.602 & 4.7846 & 3.629 & 3.6747 & 5.0022 & 6.8215 & 1.137 & 6.7217 \\ 101.62 & 44.023 & 39.41 & 38.718 & 59.723 & 74.523 & 6.7217 & 102.71 \end{bmatrix}$$

由于 S 中主对角线元素差异较大，因此我们样本相关矩阵 R 出发进行主成分分析。样本相关矩阵 R 为

$$R = \begin{bmatrix} 1 & 0.76266 & 0.70758 & 0.64281 & 0.59617 & 0.54426 & 0.62178 & 0.77285 \\ & 1 & 0.55341 & 0.51434 & 0.51538 & 0.46888 & 0.73562 & 0.71214 \\ & & 1 & 0.98793 & 0.9776 & 0.97409 & 0.68282 & 0.78019 \\ & & & 1 & 0.98071 & 0.9798 & 0.69735 & 0.77306 \\ & & & & 1 & 0.99235 & 0.62663 & 0.78718 \\ & & & & & 1 & 0.6303 & 0.72449 \\ & & & & & & 1 & 0.62202 \\ & & & & & & & 1 \end{bmatrix}$$

矩阵 $\boldsymbol{R}$ 的特征值及相应的特征向量如表 5-2 所示。

表 5-2　矩阵 $\boldsymbol{R}$ 的特征值及相应的特征向量

特征值	特征向量							
6.136 6	0.321 13	0.295 16	0.389 12	0.384 72	0.379 55	0.370 87	0.319 96	0.355 46
1.042 1	−0.415 1	−0.597 66	0.229 74	0.278 69	0.316 32	0.371 51	−0.278 14	−0.156 84
0.435 95	−0.451 23	0.103 03	−0.039 895	0.053 874	−0.037 292	0.075 186	0.770 59	−0.424 78
0.220 37	−0.668 17	0.363 36	−0.225 96	−0.110 81	0.148 74	0.069 353	−0.134 95	0.559 49
0.151 91	−0.038 217	0.624 35	0.122 73	−0.036 909	0.159 28	0.210 62	−0.430 06	−0.581 05
0.008 827 4	−0.101 67	0.135 84	−0.158 11	0.862 26	−0.252 04	−0.345 06	−0.139 34	−0.026 557
0.002 962 4	0.159 6	−0.061 134	−0.539 66	0.046 606	0.760 9	−0.278 09	0.062 03	−0.131 26
0.001 223 8	0.192 95	−0.031 987	−0.641 76	0.110 02	−0.253 97	0.687 91	−0.006 045	−0.005 403 1

矩阵 $\boldsymbol{R}$ 的特征值及贡献率如表 5-3 所示。

表 5-3　$\boldsymbol{R}$ 的特征值及贡献率

特征值	贡献率/%	累计贡献率/%
6.136 6	0.767 08	0.767 08
1.042 1	0.130 27	0.897 34
0.435 95	0.054 494	0.951 84
0.220 37	0.027 547	0.979 38
0.151 91	0.018 988	0.998 37
0.008 827 4	0.001 103 4	0.999 48
0.002 962 4	0.000 370 3	0.999 85
0.001 223 8	0.000 152 97	1

前 3 个标准化样本主成分类及贡献率已达到 95.184%，故只需取前 3 个主成分即可。

前 3 个标准化样本主成分中各标准化变量 $x_i^* = \dfrac{x_i - \bar{x}_i}{\sqrt{s_{ii}}}(i=1, 2, \cdots, 8)$ 前的系数即为对应特征向量，由此得到 3 个标准化样本主成分为

$$
\begin{cases}
y_1 = 0.321\,13x_1^* + 0.295\,16x_2^* + 0.389\,12x_3^* + 0.384\,72x_4^* + 0.379\,55x_5^* + \\
\quad 0.370\,87x_6^* + 0.319\,96x_7^* + 0.355\,46x_8^* \\
y_2 = -0.415\,1x_1^* - 0.597\,66x_2^* + 0.229\,74x_3^* + 0.278\,69x_4^* + 0.316\,32x_5^* + \\
\quad 0.371\,51x_6^* - 0.278\,14x_7^* - 0.156\,84x_8^* \\
y_3 = -0.451\,23x_1^* + 0.103\,03x_2^* - 0.039\,895x_3^* + 0.053\,874x_4^* - 0.037\,292x_5^* + \\
\quad 0.075\,186x_6^* + 0.770\,59x_7^* - 0.424\,78x_8^*
\end{cases}
$$

注意到，y_1 近似是 8 个标准化变量 $x_i^* = \dfrac{x_i - \bar{x}_i}{\sqrt{s_{ii}}}(i=1, 2, \cdots, 8)$ 的等权重之和，是反映各企业总效应大小的综合指标，y_1 的值越大，则企业的效益越好。由于 y_1 的贡献率高达 76.708%，故若用 y_1 的得分值对各企业进行排序，能从整体上反映企业之间的效应差别。将 $\boldsymbol{S}$ 中 S_{ii} 的值及 $\bar{x}$ 中各 $\bar{x}_i$ 的值及企业关于 x_i 的观测值代入 y_1 的表达式中，可求

得各企业 y_1 的得分及其按其得分由大到小的排序结果。从表 5 - 4 中可以看出第 9 家的企业效益最好,第 12 家的企业效益最差。

表 5 - 4　各企业 y_1 的得分及其按其得分由大到小的排序

排名	企业序号	得分	排名	企业序号	得分
1	12	$-0.973\,54$	8	5	$0.016\,879$
2	4	$-0.648\,56$	9	8	$0.177\,11$
3	3	$-0.627\,43$	10	13	$0.189\,25$
4	11	$-0.485\,58$	11	1	$0.293\,51$
5	10	$-0.219\,49$	12	2	$0.653\,15$
6	7	-0.189	13	6	$0.855\,66$
7	14	$-0.004\,803$	14	9	$0.962\,85$

5.6　用 Python 实现主成分分析

scikit-learn 库中提供 PCA 函数可创建 PCA 模型,其收录的 PCA 函数语法格式如下。

sklearn. decomposition. PCA (n_components=None, copy=True, whiten=False, svd_solver='auto', tol=0.0, iterated_power='auto', random_state=None)

5.6.1　PCA 函数参数

PCA 函数参数的解释如表 5 - 5 所示。

表 5 - 5　PCA 函数参数解释

参数名称	参　数　解　释
n_components	接收 int 或 string,默认为 None,表示所要保留的主成分个数 n,即保留下来的特征个数 n。赋值为 int 时,表示降维的维度,如 n_ components=1,将把原始数据降到一个维度;赋值为 string 时,表示降维的模式,如 n_ components='mle',将自动选取特征个数 n,使得满足所要求的方差百分比
copy	默认为 True,表示在运行算法时,是否将原始训练数据复制一份;若为 True,则在运行 PCA 算法后,原始训练数据的值不会有任何改变,因为是在原始数据的副本上进行运算的;若为 False,则在运行 PCA 算法后,原始训练数据的值会改变,因为是在原始数据上进行降维计算的
whiten	接收 bool,默认为 False,作用为白化,使得每个特征具有相同的方差
svd_solver	表示指定奇异值分解(SVD)的方法,由于特征分解是奇异值分解(SVD)的一个特例,一般的 PCA 库都是基于 SVD 实现的;有 4 个可以选择的值:auto、full、arpack、randomized。randomized 一般适用于数据量大、数据维度多,同时主成分数目比例又较低的 PCA 降维,它使用了一些加快 SVD 的随机算法;full 则是传统意义上的 SVD,使用了 scipy 库对应的实现;arpack 和 randomized 的适用场景类似,区别是 randomized 使用的是 scikit-learn 自己的 SVD 实现,而 arpack 直接使用了 scipy 库的 sparse SVD 实现;默认是 auto,即 PCA 算法会自动在前面讲到的三种算法里面去权衡,选择一个合适的 SVD 算法来降维;一般来说,使用默认值就够了

PCA 函数返回值是一个 PCA 对象，主要包括以下属性。

components_,返回具有最大方差的成分。

explained_variance_,降维后的各主成分的方差值。

explained_variance_ratio_,返回值 n 个特征各自的方差百分比，比例越大越重要。

n_components_,返回所保留的特征个数 n。

mean_,返回值的平均值。

5.6.2　在 PCA 中采用的方法

在 PCA 中采用的方法如表 5 - 6 所示。

表 5 - 6　PCA 中的常用方法

常用方法	格式	解释说明
fit()	fit(X, y＝None)	scikit-learn 中通用的方法，fit(X) 表示用数据 X 来训练 PCA 模型
fit _transform()	fit_ transform(X)	用数据 X 来训练 PCA 模型，同时返回降维后的数据
get_covariance()	get covariance()	计算并生成模型的协方差
get_params()	get_params(deep＝True)	获取当前模型的参数
get_precision()	get_precision()	计算当前模型的精度矩阵
inverse_transform()	inverse_transform(X)	将降维后的数据转换成原始数据
score()	score(X, y＝None)	返回所有样本的平均对数似然数
score_samples()	score_samples(X)	返回每个样本的对数似然数
set_params()	set_params(＊ ＊params)	设置模型的参数
transform()	transform(X)	将数据 X 转换成降维后的数据

5.6.3　用 Python 实现 PCA

下面我们就通过具体的实例在 Python 中实现主成分分析。以波士顿的房价数据集进行分析，在该数据中包含了 13 个特征，具体的操作步骤如下。

第一步，导入数据库。

```
import numpy as np
from sklearn. tree import DecisionTreeClassifier
from sklearn. decomposition import PCA
```

第二步，载入数据集，输入相关代码。

```
from sklearn. datasets import load_boston
pca＝load_boston()              ♯从数据库中导出波士顿房价数据集
```

```
x＝pca. data                    ＃从数据集中获得特征值 x
y＝pca. target                  ＃从数据集中获得目标变量房价 y
print（x[:2]）                   ＃打印输出 x 的前 2 条记录
print（y[:2]）                   ＃打印输出 y 的前 2 条记录
print（'x 的形状:', x. shape）    ＃打印 x 的形状)
```

最终得到的输出结果

```
[[6.3200e-03 1.8000e+01 2.3100e+00 0.0000e+00 5.3800e-01 6.5750e+00
  6.5200e+01 4.0900e+00 1.0000e+00 2.9600e+02 1.5300e+01 3.9690e+02
  4.9800e+00]
 [2.7310e-02 0.0000e+00 7.0700e+00 0.0000e+00 4.6900e-01 6.4210e+00
  7.8900e+01 4.9671e+00 2.0000e+00 2.4200e+02 1.7800e+01 3.9690e+02
  9.1400e+00]]
[24. 21.6]
x的形状: (506, 13)
```

第三步,使用 sklearn 的 PCA 进行维度变换。

```
X_pca＝ PCA()                                          ＃建立 PCA 模型对象
X_pca. fit(x)                                          ＃将数据输入模型
X_pca. transform(x)                                    ＃对数据集进行转换映射
components＝X_pca. components_                          ＃获得转换后的所有主成分
components_var＝X_pca. explained_variance_             ＃获得各主成分的方差
components_var_ratio＝X_pca. explained_variance_ratio_ ＃获得各主成分的方差占比
print(components[:4])                                  ＃打印输出前 4 个主成分
print(components_var[:4])                              ＃打印输出前 4 个主成分的方差
print(components_var_ratio)                            ＃打印输出所有主成分的方差占比
```

（1）得到的前 4 个主成分。

```
[[ 2.92973218e-02 -4.35898000e-02  2.83309382e-02 -5.55846350e-05
   4.49721818e-04 -1.16815860e-03  8.36335746e-02 -6.56163360e-03
   4.50053753e-02  9.49741169e-01  5.60011721e-03 -2.91218514e-01
   2.29433756e-02]
 [ 6.66847277e-03  1.17564821e-03 -4.94975624e-03 -1.02678850e-04
   1.82069867e-06  3.65750108e-04 -5.72246652e-03  3.53685109e-04
  -8.61865948e-03 -2.92406308e-01 -2.52898538e-03 -9.56180551e-01
   5.76719865e-03]
 [-1.14793645e-02  6.32897481e-01 -8.83403603e-02 -9.75320360e-04
  -1.80720215e-03  4.73397110e-03 -7.55863075e-01  4.50884160e-02
   2.84787088e-03  9.38644477e-02 -1.11592649e-02 -2.35628231e-02
  -9.28333004e-02]
 [ 2.71309632e-02  7.68058991e-01 -1.28007210e-02  8.54389584e-04
   6.79655226e-04  5.70127889e-03  6.36608645e-01  2.57418757e-03
  -1.95602004e-02 -1.99794164e-02 -3.20107972e-02  4.03696433e-03
   4.52966144e-02]]
```

（2）得到的前 4 个主成分的方差。

```
[30889.91126082   6250.3300614      818.3639584      266.68483768]
```

（3）得到的所有主成分的方差占比。

```
[8.05823175e-01 1.63051968e-01 2.13486092e-02 6.95699061e-03
 1.29995193e-03 7.27220158e-04 4.19044539e-04 2.48538539e-04
 8.53912023e-05 3.08071548e-05 6.65623182e-06 1.56778461e-06
 7.96814208e-08]
0.9984806947092334
```

从所有主成分的方差产比可以看出，第一个主成分占 80.58%，第二个主成分占 16.3%，前两个主成分占比之和等于 96.88%。因此前两个主成分可以代表转换后主成分。

习　题

1. 某只股票两年成交的开盘价、最高价、收盘价、最低价、成交量及成交金额等相关信息如表 5-7 所示，请根据表 5-7 中的数据用 Python 进行主成分分析。

表 5-7　某只股票两年的成交数据

序号	开盘价	最高价	收盘价	最低价	成交量	成交金额
1	23.6	23.61	23.33	23	5 164 742	119 939 184
2	24.69	24.86	24	24	6 511 872	158 487 088
3	23.9	25.21	25.01	23.6	9 329 971	228 819 504
4	23.32	24.14	23.99	23.32	5 286 209	126 375 960
5	24.18	24.18	23.6	23.19	4 337 529	101 006 232
6	24.84	24.84	24.16	24.12	5 405 080	130 064 080
7	23.43	24.77	24.6	23.38	6 278 599	148 908 608
8	23.94	24.24	23.38	22.95	4 860 760	112 704 136
9	24.45	24.94	23.85	23.81	5 778 040	139 266 544
10	24.77	25.14	24.45	24.14	5 042 714	122 289 680
11	25.58	25.59	24.66	24.61	7 400 629	183 405 792
12	24.77	25.78	25.78	24.62	9 025 563	224 104 912
13	25.17	25.96	25.13	25.07	9 456 648	237 610 160
14	24.94	26.45	26.03	24.6	12 092 976	306 653 120
15	24.03	25.17	24.89	24.03	10 478 164	256 571 520
16	23.24	24.16	23.86	22.95	7 732 943	180 827 456
17	24.07	24.22	23.13	22.84	4 984 007	115 375 464
18	23.63	24.2	23.66	23.25	6 620 567	154 962 256
19	23.73	24.81	24.22	23.55	8 306 454	199 650 928
20	22.55	23.44	23.02	22.54	8 006 393	181 992 016
21	26.69	26.85	23.98	23.98	14 646 209	366 622 304
22	22.61	25.57	25.57	22.24	8 550 576	211 183 472
23	23.45	23.54	23.25	21.79	6 904 194	154 978 864
24	23.15	23.86	23.53	22.95	6 314 273	146 772 016

2. 以下是××高校的会计专业(1)班 29 名大三学生的 Python 语言、财务报告编制与分析、高级财务会计、管理会计、体测、写作与沟通、形势与政策的期末成绩,请用 Python 对表 5-8 中的成绩进行主成分分析。

表 5-8　××高校会计专业(1)班 29 名大三学生不同学科的期末成绩

序号	Python 语言	财务报告 编制与分析	高级财务 会计	管理会计	体测	写作与 沟通	形势与 政策
1	86	76	80	88	63	87	81
2	75	68	62	78	70	82	85
3	84	75	57	78	68	91	90
4	91	81	96	94	60	92	87
5	74	76	80	71	70	85	87
6	85	75	76	88	73	91	94
7	81	68	53	86	62	80	82
8	93	83	98	89	62	96	94
9	85	73	77	79	56	83	88
10	85	73	70	78	68	87	79
11	89	78	72	85	64	89	73
12	81	66	67	72	62	85	82
13	79	72	63	64	65	81	91
14	76	71	64	78	68	80	79
15	90	98	94	94	80	96	94
16	89	80	74	86	82	91	89
17	92	78	72	88	80	97	95
18	83	78	53	76	81	75	89
19	85	77	72	83	63	90	89
20	84	82	71	80	70	89	93
21	76	82	79	79	81	92	88
22	85	79	70	81	67	92	87
23	88	71	76	89	81	93	88
24	84	69	67	74	63	92	97
25	89	83	69	93	73	89	96
26	85	73	68	88	63	82	93
27	92	66	81	90	78	77	87
28	83	69	42	69	60	83	89
29	86	75	74	85	52	87	86

3. 通过编写代码获取鸢尾花数据,并对鸢尾花数据进行主成分分析。

第  章

聚类分析及应用

本章知识点

（1）掌握划分方法。

（2）掌握层次方法。

（3）了解基于网格的方法。

（4）了解聚类评估。

聚类分析是指研究"物以类聚"等问题的分析方法，"物以类聚"的问题在经管研究中十分常见。例如在管理领域，企业需要对各类经营指标进行分类和聚类分析，从而发现运营的质量问题或者可能存在的财务风险；在市场营销领域，对顾客自然特征和消费行为进行分组，如根据客户的年龄、职业、收入、消费额、购物偏好等进行市场细分研究，从而进行精准营销。

本章首先介绍各种聚类分析的方法，然后运用数据挖掘中的聚类分析方法，结合软件行业上市公司的财务状况数据，建立上市公司财务质量评价指标体系，依据数据可得性、全面性等选取原则选取财务状况质量评价指标数据，并运用数据清洗、集成、标准化等方法对指标数据进行预处理，对上市公司整体的财务状况进行聚类研究，并对上市公司运营能力、利润质量等方面进行了分类聚类研究。

6.1 聚类分析概念

聚类分析（cluster analysis）是指把一个数据对象的集合划分为若干子集的过程，每个子集是一个簇，并使得同一簇内的对象具有尽可能高的同质性（homogeneity），而与其他簇中的对象之间则应具有尽可能高的异质性（heterogeneity）。聚类分析能够将一批样本数据在没有先验知识的前提下，根据数据内在的多种特征，按照其在性质上的相似或差异程度进行自动分组，且使组内个体的特征具有较大的相似性，组间个体的特征相似性较小。由聚类分析产生的簇的集合称作一个聚类，聚类分析中有大量的聚类算法，聚类的过程通常包括 5 个阶段。

（1）数据准备。包括特征标准化和降维。

（2）特征选择。从最初的特征中选择最有效的特征,并将其存储于向量中。

（3）特征提取。通过对所选择的特征进行转换,从而形成新的代表性特征。

（4）聚类。首先选择合适特征类型的某种距离函数进行接近程度的度量,然后执行聚类或分组。

（5）聚类结果评估。聚类结果评估主要有外部有效性评估、内部有效性评估和相关性测试评估 3 种。

6.2　聚类分析方法

聚类是一组将研究对象分为相对同质的群组的技术。聚类与分类的不同在于,聚类所要求划分的类是未知的。现有研究和文献中有大量聚类算法和技术,基础方法通常包括划分方法、层次方法、基于密度方法和基于网格方法等。

6.2.1　划分方法

聚类分析中最基本的方法就是划分方法。给定一个具有 n 个对象的数据集,一个划分方法构建数据的 k 个分区,其中每个分区代表一个簇,并要求 $k \leqslant n$。也就是说,划分方法将数据划分为 k 个簇,使得每个簇至少包含一个对象,且每个对象只能属于一个簇。

目前常用的划分方法有 K-means 算法与 K-medoids 算法两种。

1. K-means 算法

K-means 算法又称 K 均值算法,是目前应用最广泛的一种聚类算法。在给定一个数据集和需要划分簇的数目 k 后,该算法根据距离函数反复把数据划分到 k 个簇中,直至收敛。算法首先在数据集中随机抽取 k 个对象,每个对象代表一个簇中心,然后计算所有数据点到每个簇中心的距离,并把每个数据点分配到离它最近的簇中心,一旦所有的数据点都被分配完成,每个聚类的簇中心按照本聚类所包括的数据点重新计算,该过程不断重复,直至收敛,即满足某个终止条件为止,最常见的终止条件是误差平方和局部最小。

K-means 算法的步骤如图 6-1 所示。

算法:K-means
输入:包含 n 个对象的数据库,簇的数目 k
输出:k 个簇,使平方误差最小
步骤:
① 任选 k 个对象作为初始的簇中心;
② repeat;
③ 根据与每个中心的距离,将每一对象赋给"最近"的簇;
④ 重新计算每个簇的平均值;
⑤ Until 不再发生变化。

图 6-1　K-means 算法步骤

第一步，指定聚类数目 k。

第二步，确定 k 个初始聚类中心，常用的初始类中心点的指定方法为最大最小法、最大距离法。

第三步，根据最近原则进行聚类，依次计算每个数据点到 k 个类中心点的欧式距离，并按照距 k 个中心点距离最近的原则，将所有样本划分到最近的类中，形成 k 个类。

第四步，重新确定 k 个类中心。中心点的确定原则是，依次计算各类中所有数据点变量的均值，并以均值点作为 k 个类中心。

第五步，判断是否已经满足终止聚类的条件，如果没有满足则返回到第三步，不断反复上述过程，直到满足迭代终止条件，K-means 算法过程如图 6 - 2 所示。

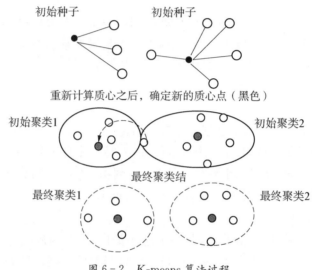

图 6 - 2　K-means 算法过程

2. K-medoids 算法

K-medoids 算法又称 K 中心点算法，该算法用最接近簇中心的一个对象来表示划分的每个簇。算法是用簇中最靠近中心点的一个真实数据对象来代表该簇的中心，而 K-Means 算法是用计算出来的簇中对象的平均值来代表该簇，算法的步骤如图 6 - 3 所示。

第一步，指定聚类数目 k。

第二步，确定 k 个初始聚类中心，常用的初始类中心点的指定方法为最大最小法、最大距离法。

第三步，根据最近原则进行聚类，依次计算每个数据点到 k 个类中心点的距离，按照距 k 个中心点距离最近的原则，将所有样本划分到最近的类中，形成 k 个类。

第四步，对于每个非中心点对象，依次执行以下过程：用当前点替换其中一个中心点，并计算替换所产生的代价函数，若为负，则替换；否则不替换且还原中心点。

第五步，依次执行第四步，得到较优的 k 个中心点集合，根据最小距离原则重新将所有对象归类。

输入：包含 n 个对象的数据库，簇的数目 k

输出：k 个簇，使所有对象与其最近代表对象的相异度总和最小

步骤：

① 随机选择 k 个对象作为初始的代表对象；

② repeat；

③ 指派每个剩余的对象给离它最近的代表对象所代表的簇；

④ 对于每个代表对象 O_j，顺序选取一个非代表对象 O_r，计算用 O_r 代替 O_j 的总代价 S；

⑤ 如果 $S < 0$，则用 O_r 替换 O_j，形成新的 k 个代表对象的集合；

⑥ Until 不再发生变化。

图 6-3　K-medoids 算法步骤

6.2.2　层次方法

层次方法（hierarchical methods）通过将数据组织为若干组并形成一个相应的树来进行聚类。该算法首先将 n 个样本各自作为单独的一类，然后计算样本之间及类与类之间的距离，再进行逐级合并，直至所有的样本都成一类为止。根据层次是自底而上还是自顶而下形成。层次方法可以进一步分为分裂层次和凝聚层次的聚类算法，其中类与类之间的距离测量方法有最短距离法、最长距离法、中间距离法、重心法、类平均法、离差平方和法等，层次方法如图 6-4 所示。

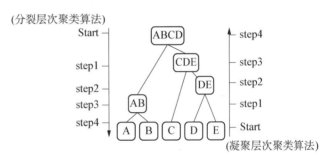

图 6-4　层次聚类算法过程

1. 分裂层次聚类算法

分裂层次聚类算法又称自顶而下方法。其策略与凝聚的层次聚类不同，它首先将所有对象放在一个簇中，然后慢慢地细分为越来越小的簇，直到每个对象自行形成一簇，或者直到满足其他的某个终结条件，例如满足了某个期望的簇的数目，又或者两个最近的簇之间的距离达到了某个阈值。

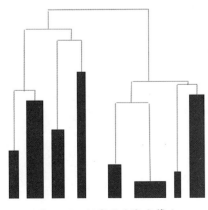

图 6-5　凝聚层次聚类算法

2. 凝聚层次聚类算法

凝聚层次聚类算法又称自底而上方法。其策略是首先将每个对象作为一个簇，然后合并相邻近的簇为越来越大的簇，直到所有的对象都在一个簇中，或者某个终结条件达到要求。

下面我们介绍凝聚层次聚类（agglomerative cluster）算法，从图 6-5 里面可以看出来就是根据某种规则去聚类，其具体的流程如下所示。

（1）将每一个元素单独定为一类。

（2）重复，每一轮都合并指定距离最小的类。

（3）直到所有的元素都归为同一类。

依据相似度（距离）计算方式的不同定义，将凝聚层次聚类算法分为三种：Single-linkage、Complete-linkage 和 Group average。其中，Single-linkage 比较的距离为元素对之间的最小距离，Complete-linkage 比较的距离为元素对之间的最大距离，Group average 比较的距离为类之间的平均距离。基于层次的聚类算法的优点是：对初始数据集不敏感，能很好地处理孤立点和噪声数据，不需要人工指定簇的个数；基于层次的聚类算法的缺点是：复杂度高，不适用于大数据集，合并或者分裂点的选择比较困难，好的局部合并或者分裂点的选择往往并不能保证会得到高质量的全局的聚类结果，而且一旦一个合并或分裂被执行，就不能被修正或撤销。

6.2.3　基于密度的方法

层次聚类算法和划分式聚类算法只能发现具有凸形特点的数据集合的聚类簇，为了弥补这一缺陷，进而发现任意形状数据集合的聚类簇，业界开发出基于密度的聚类算法（density-based methods）。这类算法认为，在整个样本空间点中，各目标簇是由一群稠密样本点组成的，而这些稠密样本点被低密度区域（噪声）分割，算法的目的就是过滤低密度区域，发现稠密样本点。密度聚类的基本原理是只要邻近区域里的密度（区域所包括对象的数量）超过了某个阈值，就继续聚类（见图 6-6）。该算法从数据对象的分布密度出发，把密度足够大的区域连接在一起，因此可以发现任意形状的类。基于密度的方法中三种代表性的算法是 DBSCAN 算法、OPTICS 算法、DENCLUE 算法。

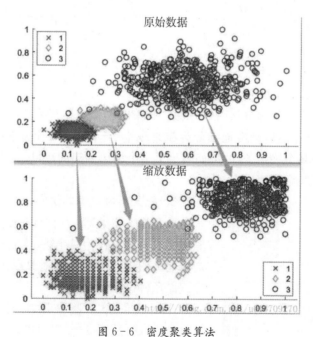

图 6-6　密度聚类算法

6.2.4　基于网格的方法

基于网格的聚类将对象空间量化为有限数目的单元，形成网格结构，每个单元中存储对象的统计参数,如均值、方差、最大值、最小值和分布类型等,然后在这个量化空间(网格结构)上进行所有的聚类操作。基于网格的算法执行时间不受数据对象数目的影响,只与单元数目有关,因此处理速度快。基于网格方法的典型算法有 STING 算法、WaveCluster 算法。

(1) STING(Statistical Information Grid)算法是针对空间数据挖掘的算法,采用多分辨率的方式进行聚类,聚类的质量取决于底层单元的粒度。

(2) WaveCluster 算法是一个多分辨率的聚类方法,通过小波变换来转换原始的特征空间。其主要思想是:首先量化特征空间,把数据映射到一个多维网格中,然后对网格单元进行小波变换,通过搜索连通分支得到聚类。

6.2.5　聚类评估

聚类评估就是对在数据集上进行聚类的可行性和聚类结果的质量的评价,聚类评估主要包括如下任务。

(1) 估计聚类趋势:识别给定的数据集中是否存在非随机结构。几乎每种聚类算法都会在数据集中发现簇,而盲目地在数据集上使用聚类方法所得到的一些簇可能是误导,只有当数据集中存在非随机结构时聚类分析才是有意义的。

(2) 确定数据集中的簇数:一些诸如 K -均值这样的算法需要数据集的簇数作为参数。此外,簇数是对数据集的有趣且重要的概括统计。

(3) 测定聚类质量:评估聚类分析结果的质量。按照是否存在外在的基准,用于评估聚类质量的方法可以分为两类:外部有效性评估,即当存在外在基准时可以测定聚类得到的簇与基准匹配的程度;内部有效性评估,评估聚类所得到的簇与数据集的拟合程度。

6.3　聚类分析应用

长期以来,中国软件业的核心技术依赖国际巨头,随着国际环境的变化,越来越多的企业基于供应链安全的需求,开始使用国产软件,由此带来了国产软件行业的快速发展。随着我国经济社会发展到新的阶段,软件对经济高质量发展、推动数字经济发展、促进传统产业转型升级日益发挥重要作用,因此对我国软件行业上市公司的绩效进行评价十分必要。

6.3.1　财务质量分析

本节将按照上市公司的软件财务实际运行过程,从 4 个方面对企业的财务质量进行分析,具体如图 6-7 所示。

企业财务质量指标体系设计框架包括如下四个方面:一是企业盈利能力,主要反映企业一定经营期间的投入产出水平和盈利质量;二是企业偿债能力,主要反映企业的债务负担水平、偿债能力及其面临的债务风险;三是企业成长能力,主要反映企业的经营增长水

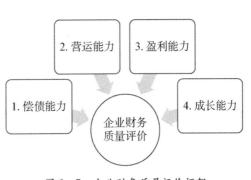

图 6-7　企业财务质量评价框架

平、资本增值状况及发展潜力和后劲;四是企业营运能力,主要反映企业资金、资源要素的运作能力和使用效率。接下来,从具体指标看如下四个方面。

（1）反映成长能力的主营业务收入增长率（%）,净利润增长率（%）,净资产增长率（%）,总资产增长率（%）。

（2）反映营运能力的应收账款周转率（次）,总资产周转率（次）,流动资产周转率（次）,股东权益周转率（次）。

（3）反映偿债能力的流动比率（%）,负债与所有者权益比率（%）,资产负债率（%）。

（4）反映盈利能力的总资产利润率（%）,主营业务利润率（%）,销售净利率（%）,净资产收益率,每股收益（元）,每股资本公积金（元）。

6.3.2　数据处理

1. 数据选取

根据样本数据的可操作性、全面性、可比性、客观性原则,本文选取了 A 股上市公司中软件和信息技术服务业的 15 家公司作为研究对象,基于成长能力、营运能力、偿债能力和盈利能力四个方面,共选取 17 个反映企业财务综合状况的指标进行分析。公司分别包括:①信雅达;②海量数据;③汉得信息;④超图软件;⑤博彦科技;⑥中科软;⑦拓尔思;⑧交大思诺;⑨东软集团;⑩顶点软件;⑪格尔软件;⑫博睿数据;⑬宝信软件;⑭浪潮软件;⑮科大讯飞。

2. 数据预处理

在数据挖掘系统中,数据前期的理解和预处理阶段通常要花费很多时间,要得到一个准确的模型,高质量的数据是必不可少的,按照聚类分析数据处理流程,我们对上市公司的财务数据进行了数据预处理工作。数据清洗就是为了去除数据集中的"噪声"和不相关的信息。数据清理可通过填写缺失值、光滑噪声数据、识别或删除离群点来完成。针对本研究所选的数据特点,主要处理空缺值。对于空缺值,使用数据属性均值填充的方法,用同属性数据的平均值填补空缺值,数据情况如表 6-1 所示。

表 6-1　软件上市公司数据和指标

	指标	信雅达	海量数据	汉得信息	超图软件	博彦科技	中科软	拓尔思	交大思诺
成长能力	主营业务收入增长率/%	-1.89	2.70	-4.90	14.31	27.91	13.38	14.43	12.83
	净利润增长率/%	-3.50	5.94	-77.70	37.02	11.18	20.34	119.03	11.48
	净资产增长率/%	-11.16	12.47	4.20	9.88	13.01	69.96	11.46	20.69
	总资产增长率/%	-6.45	4.69	9.80	8.47	23.69	22.02	8.82	21.33
营运能力	应收账款周转率/次	9.62	4.50	1.53	3.14	4.44	5.08	1.59	2.28
	总资产周转率/次	0.77	0.82	0.67	0.59	0.98	1.18	0.35	0.17
	流动资产周转率/次	0.98	0.15	0.92	1.02	1.49	1.23	0.66	0.75
	股东权益周转率/次	1.12	0.19	0.90	0.86	1.42	3.42	0.48	0.70
偿债能力	流动比率/%	2.71	1.15	2.70	1.94	3.22	1.60	1.92	4.60
	负债与所有者权益比率/%	49.14	111.40	36.80	44.15	50.15	153.32	36.27	22.47
	资产负债率/%	32.95	52.70	26.90	30.63	33.40	60.52	26.61	18.35

（续表）

指标		信雅达	海量数据	汉得信息	超图软件	博彦科技	中科软	拓尔思	交大思诺
盈利能力	总资产利润率/%	2.69	8.20	2.06	6.99	6.05	7.52	5.59	18.07
	主营业务利润率/%	48.48	29.25	30.03	54.00	21.28	24.66	60.91	73.01
	销售净利率/%	3.39	10.30	3.17	12.34	6.79	7.01	16.70	34.49
	净资产收益率	6.31	12.00	2.81	10.30	8.99	19.05	7.59	22.12
	每股收益/元	0.14	0.28	0.10	0.49	0.47	0.98	0.33	1.82
	每股资本公积金/元	0.44	0.28	0.87	1.86	1.66	1.33	1.33	2.33

指标		东软集团	顶点软件	格尔软件	博睿数据	宝信软件	浪潮软件	科大讯飞
成长能力	主营业务收入增长率/%	16.67	15.01	20.08	7.40	25.19	20.05	27.30
	净利润增长率/%	−38.92	9.58	−2.79	16.62	29.72	−91.37	52.61
	净资产增长率/%	−1.91	9.07	6.71	25.21	7.35	−0.04	42.90
	总资产增长率/%	7.01	7.59	17.98	21.47	8.71	12.79	31.36
营运能力	应收账款周转率/次	4.51	14.58	1.78	2.65	3.47	4.20	2.38
	总资产周转率/次	0.60	0.26	0.47	0.76	0.69	0.43	0.57
	流动资产周转率/次	1.20	0.29	0.58	0.79	0.98	0.72	1.05
	股东权益周转率/次	0.94	0.31	0.58	0.90	0.98	0.60	1.01
偿债能力	流动比率/%	1.67	6.07	3.66	7.07	2.51	1.99	1.66
	负债与所有者权益比率/%	64.30	17.50	28.67	15.86	41.25	45.81	71.29
	资产负债率/%	39.13	14.89	22.28	13.69	29.20	31.42	41.62
盈利能力	总资产利润率/%	−1.15	9.64	8.18	25.84	9.01	0.76	4.69
	主营业务利润率/%	25.36	72.57	57.99	79.76	29.78	43.28	45.35
	销售净利率/%	−2.00	37.75	18.87	37.10	13.50	1.86	9.36
	净资产收益率	0.43	11.29	10.56	29.94	12.45	1.13	7.17
	每股收益/元	0.03	1.06	0.58	1.83	0.78	0.09	0.40
	每股资本公积金/元	0.86	3.74	1.57	0.14	2.27	3.26	3.17

3. 数据变换

数据变换是采用线性或非线性的数学变换方法将多维数据压缩成较少维数的数据，消除它们在空间、属性、时间及精度等特征表现的差异，将数据转换或统一成适合于挖掘的形式。本研究所选用的各项财务数据指标的计量单位、数量级不同，故需要对数据进行标准化处理，其标准化方法

$$x_i = \frac{(x_i - E(X))}{\sigma}$$

其中，$E(X)$ 和 σ 分别是指标 X_i 的均值和标准差。经标准化后的指标分布服从均值为 0、标准差为 1 的正态分布，消除了量纲及数量上的影响，数据标准化结果如表 6-2 所示。

表6-2　软件上市公司数据标准化

	指标	信雅达	海量数据	汉得信息	超图软件	博彦科技	中科软	拓尔思	交大思诺
成长能力	主营业务收入增长率/%	−1.6	−1.1	−1.9	0.0	1.4	−0.1	0.0	−0.1
	净利润增长率/%	−0.2	0.0	−1.7	0.6	0.1	0.3	2.2	0.1
	净资产增长率/%	−1.3	−0.1	−0.5	−0.2	−0.1	2.8	−0.2	0.3
	总资产增长率/%	−2.1	−0.9	−0.4	−0.5	1.1	0.9	−0.5	0.8
营运能力	应收账款周转率/次	1.5	0.0	−0.8	−0.4	0.0	0.2	−0.8	−0.6
	总资产周转率/次	0.6	0.7	0.2	−0.1	1.4	2.1	−1.0	−1.7
	流动资产周转率/次	0.4	−2.0	0.2	0.5	1.8	1.1	−0.6	−0.3
	股东权益周转率/次	0.2	−1.0	−0.1	−0.1	0.6	3.3	−0.6	−0.3
偿债能力	流动比率/%	−0.1	−1.1	−0.2	−0.6	0.1	−0.8	−0.6	0.9
	负债与所有者权益比率/%	−0.1	1.6	−0.4	−0.2	−0.1	2.7	−0.4	−0.8
	资产负债率/%	0.1	1.6	−0.4	0.0	0.1	2.2	−0.4	−1.0
盈利能力	总资产利润率/%	−0.7	0.1	−0.8	−0.1	−0.2	0.0	−0.3	1.5
	主营业务利润率/%	0.1	−0.9	−0.8	0.4	−1.3	−1.1	0.7	1.4
	销售净利率/%	−0.8	−0.3	−0.8	−0.1	−0.6	−0.5	0.7	1.6
	净资产收益率	−0.6	0.2	−1.0	−0.1	−0.2	1.0	−0.4	1.4
	每股收益/元	−0.8	−0.6	−0.9	−0.2	−0.3	0.6	−0.5	2.1
	每股资本公积金/元	−1.1	−1.3	−0.7	0.2	0.0	−0.3	−0.3	0.6

	指标	东软集团	顶点软件	格尔软件	博睿数据	宝信软件	浪潮软件	科大讯飞
成长能力	主营业务收入增长率/%	0.3	0.1	0.6	−0.7	1.1	0.6	1.3
	净利润增长率/%	−0.9	0.1	−0.2	0.2	0.5	−1.9	0.9
	净资产增长率/%	−0.8	−0.3	−0.4	0.5	−0.4	−0.7	1.4
	总资产增长率/%	−0.7	−0.6	0.5	0.9	−0.5	−0.1	1.9
营运能力	应收账款周转率/次	0.0	2.9	−0.8	−0.3	−0.1	−0.6	
	总资产周转率/次	−0.1	−1.3	−0.6	0.5	0.3	−0.7	−0.2
	流动资产周转率/次	1.0	−1.6	−0.8	−0.2	0.4	−0.4	0.6
	股东权益周转率/次	0.6	−0.9	−0.5	−0.1	0.0	−0.5	0.1
偿债能力	流动比率/%	−0.8	1.8	0.4	2.4	−0.3	−0.6	−0.8
	负债与所有者权益比率/%	0.3	−1.0	−1.0	−0.3	−0.2		0.5
	资产负债率/%	0.6	−1.3	−0.7	−1.4	−0.2	0.0	0.8
盈利能力	总资产利润率/%	−1.3	0.3	0.1	2.7	0.2	−1.0	−0.4
	主营业务利润率/%	−1.1	1.3	0.6	1.7	−0.9	−0.2	−0.1
	销售净利率/%	−1.2	1.8	0.4	1.8	0.0	−0.9	−0.4
	净资产收益率	−1.3	0.1	0.1	2.4	0.2	−1.2	−0.5
	每股收益/元	−1.0	0.8	−0.1	2.1		−0.9	−0.4
	每股资本公积金/元	−0.7	1.9	−0.1	−1.4	0.5	1.4	1.3

6.3.3 聚类分析

对表 6 - 4 中已经标准化的数据,我们采用 K - Means 聚类算法,对所有指标,设定聚类个数 k 为 2,最大迭代次数为 100 次,分类输出结果如图 6 - 8 所示。

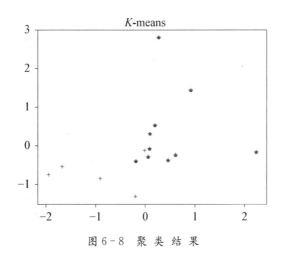

图 6 - 8 聚 类 结 果

我们选用 Python 软件,对处理后的 15 个样本及 17 个指标采用 K-means 和凝聚层次聚类方法进行聚类,再结合样本原有的分类指标,考察聚类的准确性与现实的解释意义。在进行聚类时,我们用 Python 的 calinski_harabaz_score 方法评价聚类效果的好坏,该指标表示类间距除以类内距,因此这个值越大越好。我们采用计算不同聚类个数 k 值下的 calinski_harabaz_score 统计值来确定最优的 k,如图 6 - 9 所示,我们可以明显地看到选择 $k=2$ 是最合理的,所以在接下来的聚类中我们选择 $k=2$ 聚为两类。

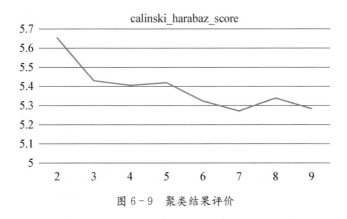

图 6 - 9 聚 类 结 果 评 价

从表 6 - 3 可知,当聚类个数 k 在变化的时候,k 从 2 到 9,交大思诺、顶点软件、博睿数据等在 k 值变化的时候仍然在一个簇类中,这些共性比较强的企业,在聚类参数变化的时候,基本保持稳定组合,说明结果有合理性。

表6-3　聚类过程结果

聚类个数 k	2	3	4	5	6	7	8	9
Calinski-Harbasz 指标	5.65	5.37	5.41	5.42	5.32	5.48	5.11	5.28
信雅达	cluster0	cluster0	cluster3	cluster0	cluster1	cluster1	cluster3	cluster5
海量数据	cluster0	cluster0	cluster3	cluster0	cluster5	cluster1	cluster5	cluster6
汉得信息	cluster0	cluster0	cluster3	cluster0	cluster1	cluster6	cluster3	cluster5
超图软件	cluster0	cluster0	cluster1	cluster2	cluster0	cluster0	cluster4	cluster2
博彦科技	cluster0	cluster2	cluster1	cluster2	cluster0	cluster5	cluster1	cluster1
中科软	cluster0	cluster2	cluster1	cluster4	cluster4	cluster2	cluster6	cluster7
拓尔思	cluster0	cluster0	cluster1	cluster2	cluster0	cluster0	cluster4	cluster2
交大思诺	cluster1	cluster1	cluster0	cluster3	cluster2	cluster4	cluster2	cluster8
东软集团	cluster0	cluster0	cluster3	cluster0	cluster1	cluster6	cluster3	cluster5
顶点软件	cluster1	cluster1	cluster0	cluster1	cluster3	cluster0	cluster0	cluster4
格尔软件	cluster0	cluster0	cluster1	cluster2	cluster0	cluster0	cluster4	cluster2
博睿数据	cluster1	cluster1	cluster0	cluster3	cluster2	cluster4	cluster7	cluster3
宝信软件	cluster0	cluster0	cluster1	cluster0	cluster1	cluster6	cluster3	cluster0
浪潮软件	cluster0	cluster0	cluster3	cluster0	cluster1	cluster6	cluster3	cluster0
科大讯飞	cluster0	cluster2	cluster1	cluster2	cluster0	cluster5	cluster1	cluster1

如表6-4所示，聚类-1包括3个样本占比，即交大思诺、顶点软件、博睿数据。聚类-2包括12个样本，即信雅达、海量数据、汉得信息、超图软件、博彦科技、中科软、拓尔思、东软集团格尔软件、宝信软件、浪潮软件和科大讯飞。

表6-4　聚类结果

聚类-1	簇1	簇2
样本个数	3	12
占比/%	20	80
公司样本	交大思诺、顶点软件、博睿数据	海量数据、信雅达、超图软件、科大讯飞、博彦科技、信雅达、海量数据、汉得信息、超图软件、博彦科技、中科软、拓尔思、东软集团、格尔软件、宝信软件、浪潮软件

从表6-5的聚类指标均值来看，在成长能力方面，如净利润增长率（%）、净资产增长率、总资产增长率等方面，聚类-1比聚类-2好，聚类-1净利润增长率均值在12.6%明显高于聚类-2的均值5.1%，聚类-1的净资产增长率和总资产增长率也比聚类-2分别高近4.6和4.4个百分点。在营运能力方面，聚类-1和聚类-2基本接近；在盈利能力，如总资产利润率、主营业务利润率、销售净利率、净资产收益率、每股收益，聚类-1比聚类-2好。在偿债能力方面，聚类-2负债与所有者权益比率（61%）比聚类-1（18.6）明显高，聚类-2资产负债率35.6%也比聚类-1的资产负债率15.6%高20个百分点，说明聚类-2

在负债方面的风险要明显高于聚类-1,企业平均的偿债能力比聚类-1低。因此,综合来看,聚类-1代表企业的财务质量能力较好,聚类-2代表企业的财务质量一般。

表6-5 聚类指标均值

指 标		聚类-1/均值	聚类-2/均值
成长能力	主营业务收入增长率/%	11.7	14.6
	净利润增长率/%	12.6	5.1
	净资产增长率/%	18.3	13.7
	总资产增长率/%	16.8	12.4
营运能力	应收账款周转率/次	6.5	3.9
	总资产周转率/次	0.4	0.7
	流动资产周转率/次	0.6	0.9
	股东权益周转率/次	0.6	1.0
偿债能力	流动比率/%	5.9	2.2
	负债与所有者权益比率/%	18.6	61.0
	资产负债率/%	15.6	35.6
盈利能力	总资产利润率/%	17.8	5.0
	主营业务利润率/%	75.1	39.2
	销售净利率/%	36.4	8.4
	净资产收益率	21.1	8.2
	每股收益/元	1.6	0.4
	每股资本公积金/元	2.1	1.6

上述分析所用 Python 聚类核心代码如下。

```
for num in range(2,9)：  # 迭代 2 到 9 之间的数字
    # 调用 KMeans 方法，聚类数为 num 个,fit()之后开始聚类
    kmeans = KMeans(n_clusters=num). fit(all_points)
pred = kmeans. fit_predict(all_points)
# 计算 calinski_harabasz_score 值

print(num,",",metrics. calinski_harabasz_score(all_points,pred))
    print"cluster". join(str(i) for i in kmeans. labels_))


for jlceng in range(2,9):
# 调用 AgglomerativeClustering 层次聚类方法，聚类数为 jlceng 个
    clst=cluster. AgglomerativeClustering(jlceng)
pred1=clst. fit_predict(all_points)
# 计算 calinski_harabasz_score 值
```

```
print(jlceng,",",metrics. calinski_harabasz_score(all_points,pred1))
        print(",". join(str(i) for i in clst. labels_))
```

对表 6 - 2 中已经标准化的数据,我们另外使用了 Python 的 AgglomerativeClustering 聚类算法,发现结果基本与 K-means 算法结果一致。下面我们继续对指标进行细分聚类。

(1) 基于成长能力指标进行聚类,从聚类的结果看,当 k 等于 2 时,calinski_harabaz_score 值为 7.17 最大,聚类 1 包括信雅达、海量数据、汉得信息、浪潮软件、东软集团、顶点软件;聚类 2 包括超图软件、博彦科技、中科软、拓尔思、交大思诺、格尔软件、博睿数据、宝信软件、科大讯飞。

(2) 基于营运能力指标进行聚类,从聚类的结果看,当 k 等于 3 时,calinski_harabaz_score 值为 8.4 最大,聚类 1 包括信雅达、顶点软件;聚类 2 包括博彦科技、中科软;聚类 3 包括超图软件、拓尔思、交大思诺、格尔软件、博睿数据、宝信软件、科大讯飞。

(3) 基于偿债能力指标进行聚类从聚类的结果看,当 k 等于 3 时,calinski_harabaz_score 值为 34 最大,聚类 1 包括海量数据、中科软;聚类 2 包括博睿数据、顶点软件、交大思诺;聚类 3 包括汉得信息、超图软件、博彦科技、拓尔思、东软集团、格尔软件、宝信软件、浪潮软件、科大讯飞。

(4) 基于盈利能力指标进行聚类从聚类的结果看,当 k 等于 2 时,calinski_harabaz_score 值为 14.9 最大,聚类 1 包括交大思诺、顶点软件、博睿数据;聚类 2 包括信雅达、海量数据、汉得信息、超图软件、博彦科技、中科软、拓尔思、东软集团、格尔软件、宝信软件、浪潮软件、科大讯飞;在聚类 2 中,超图软件、科大讯飞、博彦科技、中科软、拓尔思、宝信软件等公司基本是业内盈利能力强、长期经营并有一定核心技术竞争力的企业,如超图、科大讯飞、拓尔思都有科研高校背景,产学研基础比较强。

习　题

1. 简述聚类分析的概念。
2. 简述 K-means 的算法原理。
3. 简述层次聚类主要思想。
4. 举例聚类分析在财务预测、经营风险分析中的应用。
5. 选择一种聚类算法,编程实现公司财务异常的识别。

第7章

回归分析及应用

有监督学习包括回归(Regression)算法和分类(Classification)算法两种,它们根据类别标签分布的类型来定义。回归算法用于连续型的数据预测,分类算法用于离散型的分布预测。回归算法作为统计学中最重要的工具之一,通过建立一个回归方程来预测目标值,并求解回归方程的回归系数。本章将介绍回归模型的原理知识,包括线性回归、多项式回归、多元线性回归和逻辑回归,并详细介绍 Python Sklearn 机器学习库的残性回归和逻辑回归算法及回归分析实例。

7.1 回归的概念

回归最早是由英国生物统计学家高尔顿和他的学生皮尔逊在研究父母和子女的身高遗传特性时提出的。1855 年,他们在《遗传的身高向平均数方向的回归》中这样描述:"子女的身高趋向于高于父母身高的平均值,但一般不会超过父母的身高",首次提出回归的概念。现在的回归分析已经与这种趋势效应没有任何关系了,它只是指源于高尔顿工作,用一个或多个自变量来预测因变量的数学方法。

在回归模型中,我们需要预测的变量叫作因变量,比如产品质量;选取用来解释因变量变化的变量叫作自变量,比如用户满意度。回归的目的就是建立一个回归方程来预测目标值,整个回归的求解过程就是求这个回归方程的回归系数。

简言之,回归最简单的定义就是:给出一个点集,构造一个函数来拟合这个点集,并且尽可能地让该点集与拟合函数之间的误差最小。如果这条函数曲线是一条直线,就被称为线性回归;如果曲线是一条三次曲线,就被称为三次多项回归。

7.2 线性回归分析

7.2.1 基础概念

首先，讲解线性回归的基础知识和应用，以便大家理解。假设存在表 7-1 所列的数据集，该数据集是某企业的成本和利润数据集，其中，2002—2016 年的数据集称为训练集，整个训练集共有 15 个样本数据。重点是成本和利润这两个变量，成本是输入变量或一个特征，利润是输出变量或目标变量，整个回归模型的数据集如表 7-1 所示。

表 7-1　某企业的成本和利润数据集

年份/年	成本/元	利润/元	年份/年	成本/元	利润/元
2005	400	80	2013	558	199
2006	450	89	2014	590	203
2007	486	92	2015	610	247
2008	500	102	2016	640	250
2009	510	121	2017	680	259
2010	525	160	2018	750	289
2011	540	180	2019	900	356
2012	549	189	2020	1200	?

现建立模型（见图 7-1），x 表示企业成本，y 表示企业利润，f 表示将输入变量映射到输出变量 y 的函数，对应一个因变量的线性回归（单变量线性回归）公式

$$f(x) = kx + b \tag{7-1}$$

那么，现在要解决的问题是如何求解两个参数 k 和 b，应使 $f(x)$ 函数尽可能接近 y 值。

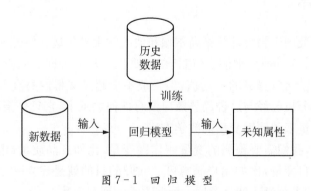

图 7-1　回　归　模　型

在回归方程里，最小化误差平方和的方法是求特征对应回归系数的最佳方法。误差是指预测 y 值和真实 y 值之间的差值。使用误差的简单累加将使得正差值和负差值相互抵消，所采用的平方误差（最小二乘法）即

$$\sum_{i=1}^{m} \left[f(x^{(i)}) - y^{(i)} \right]^2 \tag{7-2}$$

在数学上，求解过程就转化为求一组值使上式取得最小值的过程，最常见的求解方法是梯度下降法(gradient descent)。根据平方误差，定义该线性回归模型的损耗函数(Cost Function)为 $f(k, b)$，即

$$f(k, b) = \frac{1}{2m} \sum_{i=1}^{m} \left[f(x^{(i)}) - y^{(i)} \right]^2 \tag{7-3}$$

选择适当的参数让 $f(k, b)$ 最小化，即可实现拟合求解过程。通过上面的示例可以对线性回归模型进行如下定义：根据样本 x 和 y 的坐标去预估函数 f，寻求变量之间近似的函数关系为

$$f(x) = k_1 x_1 + k_2 x_2 + \cdots + k_n x_n + b \tag{7-4}$$

其中，n 表示特征数目，x_i 表示每个训练样本的第 i 个特征值。当只有一个因变量 x 时，称为一元线性回归，当有多个因变量时，称为多元线性回归。

7.2.2 线性回归模型

线性回归是数据挖掘中的基础算法之一，其核心思想是求解一组因变量和自变量之间的方程，得到回归函数，同时误差项通常使用最小二乘法进行计算。在本书用的 SKlearn 机器学习库中将调用 Linear_model 子类的 LinearRegression 类进行线性回归模型计算。

线性回归模型在 Sklearn. linear_model 子类下，主要是调用 fit(x, y) 函数来训练模型，其中，x 为数据的属性，y 为所属类型。

【实例 7-1】线性回归分析。

某企业 2005—2019 年的成本和利润数据集如表 7-1 所示，利用线性回归模型模拟该企业成本与利润的线性关系，并利用模型预测 2020 年成本为 1 200 元的利润值。在 Sklearn 中引用回归模型的代码如下。

```
import pandas as pd
from sklearn import linear_model
import matplotlib. pyplot as plt
import numpy as np


# 构建 dataframe
df = pd. DataFrame({"成本":[400,450,486,500,510,525,540,549,558,590,\
                    610,640,680,750,900],\
            "利润":[80,89,92,102,121,160,180,189,199,203,247,\
                250,259,289,356]})
```

```
print(df)

# 建立线性回归模型
regr = linear_model.LinearRegression()
# 拟合
regr.fit(np.array(df['成本']).reshape(-1, 1), df['利润'])
# 得到直线的斜率、截距
a, b = regr.coef_, regr.intercept_
print(a, b)
# 给出待预测结果
res = regr.predict(np.array([1200]).reshape(-1,1))
print(res)
# 评估模型准确度 决定系数 R 平方
regr.score(np.array(df['成本']).reshape(-1, 1), df['利润'])
# 画图
# 1.真实的点
plt.scatter(df['成本'], df['利润'], color='blue')
# 2.拟合的直线
plt.plot(df['成本'], regr.predict(np.array(df['成本']).
reshape(-1,1)), color='red', linewidth=4)
plt.show()
```

调用 SKlearn 机器学习库中的 LinearRegression()回归函数,利用 fit()函数对数据集进行训练,然后通过 predict()函数预测利润,并将预测结果绘制成直线,将给出的数据集绘制成散点图。运行结果为

```
In [49]: print(a,b)
[0.62402912] -173.70433123573818

In [50]: print(res)
[575.13060917]

In [51]: regr.score(np.array(df['成本']).reshape(-1, 1), df['利润'])
Out[51]: 0.9118311887769117
```

可以看出,预测 2020 年企业成本为 1 200 元时,利润为 575.1 元,得到的线性回归函数为 $y=0.624x-173.7$,预测结果评分为 0.9118,预测结果基本准确。线性回归拟合图形如图 7-2 所示。

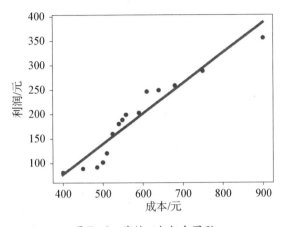

图 7-2　线性回归拟合图形

7.3　多项式回归分析

7.3.1　基础概念

线性回归是研究一个目标变量和一个自变量之间的回归问题,但在实际中,线性回归并不适用于所有的数据,所以需要建立曲线来适应数据。现实世界中的曲线关系很多是通过增加多项式来实现的,如二次模型、三次模型等。

多项式回归(Polynomial Regression)是研究一个因变量与一个或多个自变量间多项式的回归分析方法。由于回归函数是未知的,需要先观察数据,再去决定使用怎样的模型来处理问题。例如,从数据的散点图观察到有一个"弯",就考虑使用二次多项式;有两个"弯",则考虑用三次多项式,以此类推。虽然真实的回归函数并不一定是某个次数的多项式,但只要拟合较好,就可以用适当的多项式来近似模拟真实的回归函数。在多项式回归中,如果自变量只有一个,则称为一元多项式回归;如果自变量有多个,则称为多元多项式回归。下面主要讲解一元多项式回归分析,其公式为

$$f(x) = k_m x^m + k_{m-1} x^{m-1} + \cdots + k_1 x + b \tag{7-5}$$

7.3.2　用多项式回归预测成本和利润

Python 的多项式回归需要通过导入 sklearn.preprocessing 子类中的 PolynomialFeatures 类来实现。对于 PolynomialFeatures 类,Sklearn 官网给出的解释是:专门产生多项式的模型或类,并且多项式包含的是相互影响的特征集。其中最主要的参数为 degree,表示多项式阶数,一般默认值是 2。PolynomialFeature 类通过实例化一个多项式,建立等差数列矩阵,然后进行训练和预测,最后绘制相关图形。

【实例 7-2】一元线性回归与多项式回归对比分析。

接下来与前面的一元线性回归分析进行对比实验,分析的数据集仍然是表 7-1 所提

供的某企业成本和利润数据集,利用多项式回归模拟成本与利润的关系,预测 2020 年利润,并与线性回归结果进行对比。程序代码如下。

```
import pandas as pd
from sklearn import linear_model
from sklearn. preprocessing import PolynomialFeatures
import matplotlib. pyplot as plt
import numpy as np

# 构建 dataframe
df = pd. DataFrame({"成本":[400,450,486,500,510,525,540,549,558,590,\
                            610,640,680,750,900],\
                    "利润":[80,89,92,102,121,160,180,189,199,203,247,\
                            250,259,289,356]})
print(df)

# 第一步  一元线性回归
regr = linear_model. LinearRegression()

# 拟合
regr. fit(np. array(df['成本']). reshape(-1, 1), df['利润'])
# 得到直线的斜率、截距
a, b = regr. coef_, regr. intercept_
print(a,b)

# 给出待预测结果
res = regr. predict(np. array([1200]). reshape(-1,1))
print('线性回归预测结果为:',res)

# 画图
# 1.真实的点
plt. scatter(df['成本'], df['利润'], color='blue')
# 2.拟合的直线
plt. plot(df['成本'], regr. predict(np. array(df['成本']). reshape(-1,1)),
color='red')
plt. show()
```

```
# 第二步　多项式回归
# 实例化一个二次多项式特征实例
quadratic_featurizer = PolynomialFeatures(degree=2)


# 用二次多项式对样本值做变换
X_train_quadratic = quadratic_featurizer.fit_transform(np.array(df['成本']).
reshape(-1, 1))


# 创建一个线性回归实例
regressor_model = linear_model.LinearRegression()
# 以多项式变换后的 x 值为输入，代入线性回归模型做训练
regressor_model.fit(X_train_quadratic，df['利润'])


# 设计 x 轴一系列点作为画图的 x 点集
xx = np.linspace(350, 950, 100)
# 把训练好 x 值的多项式特征实例应用到一系列点上，形成矩阵
xx_quadratic = quadratic_featurizer.transform(xx.reshape(xx.shape[0], 1))
yy_predict = regressor_model.predict(xx_quadratic)


# 成本为 1200 时的预测值
x_res = quadratic_featurizer.fit_transform(np.array([1200]).reshape(-1, 1))
print('多元线性回归预测结果为：'，regressor_model.predict(x_res))
# 用训练好的模型作图
plt.plot(xx, yy_predict, 'g-')
plt.show()   # 展示图像


# 评估模型准确度 决定系数 R 平方
print('一次回归 r-squared',regr.score(np.array(df['成本']).reshape(-1,
1), df['利润']))
X_test_quadratic = quadratic_featurizer.transform(np.array(df['成本']).
reshape(-1, 1))
print('二次回归 r-squared', regressor_model.score(X_test_quadratic, df['利润']))
```

两种方法的预测结果为

```
In [30]: print('线性回归预测结果为：',res)
一元线性回归预测结果为：  [575.13060917]


In [31]: print('多元线性回归预测结果为：',regressor_model.predict(x_res))
多项式回归预测结果为：  [377.92611679]
```

模型预测效果评估如下：

一次回归 r-squared 0.9118311887769117
二次回归 r-squared 0.9407359949855933

一元线性回归的 R^2 值为 0.9118，多项式回归的 R^2 值为 0.9407，可以看出，本案例中多项式回归的拟合效果更好。

输出图形如图 $7-3$ 所示，其中，直线为一元线回归；虚线为多项式回归。

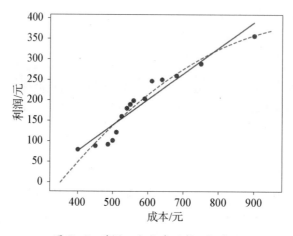

图 $7-3$　线性回归和多项式回归对比

7.4　多元线性回归

在回归分析中，如果有两个或两个以上的自变量，就称为多元回归。事实上，一种现象常常是与多个因素相联系的，由多个自变量的最优组合共同来预测或估计因变量，比只用一个自变量进行预测或估计更有效，也更符合实际情况。因此多元线性回归比一元线性回归的实用意义更大。

多元线性回归的基本原理和基本计算过程与一元线性回归相同，但由于各个自变量的单位可能不一样，比如说在一个消费水平的关系式中，工资水平、受教育程度、职业、地区、家庭负担等等因素都会影响到消费水平，而这些影响因素（自变量）的单位显然是不同的，因此自变量前系数的大小并不能说明该因素的重要程度。更简单地说，同样的工资收入，如果用元为单位就比用百元为单位所得的回归系数要小，但是工资水平对消费的影响程度并没有变，所以得想办法将各个自变量化到统一的单位上来。具体来说，就是将所有变量包括因变量都先转化为标准分，再进行线性回归，此时得到的回归系数就能反映对应自变量的重要程度。这时的回归方程称为标准回归方程，回归系数称为标准回归系数。多元线性回归的公式为

$$f(x) = k_1 x_1 + k_2 x_2 + \cdots + k_n x_n + b \tag{7-6}$$

【实例 $7-3$】商品销售额与广告投入分析。

某销售公司为了查找某产品的销售额与电视广告投入、收音机广告投入、报纸广告投入之间的关系,提供了过往历史数据请求进行分析,部分数据如表 7-2 所示。

表 7-2 某企业广告投入与商品销售数据集(部分数据)

TV	radio	newspaper	sales
230.1	37.8	69.2	22.1
44.5	39.3	45.1	10.4
17.2	45.9	69.3	9.3
151.5	41.3	58.5	18.5
180.8	10.8	58.4	12.9

数据集具体指标说明如下:

TV:在电视上投资的广告费用。

Radio:在广播媒体上投资的广告费用。

Newspaper:用于报纸媒体的广告费用。

Sales:对应产品的销量(因变量)。

这个案例是通过不同的广告投入预测产品销量。数据集一共有 200 个观测值,每一组观测值对应一个市场的情况。接下来对数据进行描述性统计,以及寻找缺失值(缺失值对模型的影响较大,如发现缺失值应替换或删除),且利用箱型图从可视化方面来查看数据集,在描述统计之后对数据进行相关性分析,以此来查找数据中特征值与标签值之间的关系。代码如下。

```
mport pandas as pd
import seaborn as sns
from sklearn. linear_model import LinearRegression
import matplotlib. pyplot as plt
from sklearn. model_selection   import train_test_split


#通过 read_csv 来读取我们的目的数据集
adv_data = pd. read_csv(".. /data/Advertising. csv")
#得到我们所需要的数据集且查看其前几列以及数据形状
print('head:',adv_data. head(),'\nShape:',adv_data. shape)


#数据描述
print(adv_data. describe())
#缺失值检验
print(adv_data[adv_data. isnull()==True]. count())
```

```
adv_data.boxplot()
plt.savefig("boxplot.jpg")
plt.show()
```

输出的结果为

```
In [47]: print(adv_data.describe())
               TV        radio     newspaper       sales
count  200.000000  200.000000  200.000000  200.000000
mean   147.042500   23.264000   30.554000   14.022500
std     85.854236   14.846809   21.778621    5.217457
min      0.700000    0.000000    0.300000    1.600000
25%     74.375000    9.975000   12.750000   10.375000
50%    149.750000   22.900000   25.750000   12.900000
75%    218.825000   36.525000   45.100000   17.400000
max    296.400000   49.600000  114.000000   27.000000

In [48]: print(adv_data[adv_data.isnull()==True].count())
TV            0
radio         0
newspaper     0
sales         0
dtype: int64
```

广告与销售额的箱型图如图 7-4 所示。

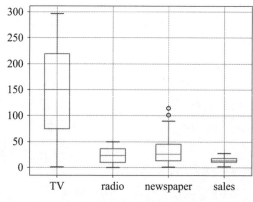

图 7-4　广告与销售额的箱型图

可以看出，数据集中没有缺失值，异常值也较少。进一步分析变量间的相关性，建立散点图来查看各个自变量与因变量的线性情况，代码如下。

```
print(adv_data.corr())

＃建立散点图来查看数据集里的数据分布
＃此处设置 seaborn 的 kind 参数，添加一条最佳拟合直线和 95％的置信带
```

```
sns. pairplot(adv_data, x_vars=['TV','radio','newspaper'], y_vars='sales',
size=7, aspect=0.8, kind = 'reg')
plt. savefig("pairplot.jpg")
plt. show()
```

得到的结果为

```
In [50]: print(adv_data.corr())
                TV      radio   newspaper    sales
TV         1.000000  0.054809   0.056648  0.782224
radio      0.054809  1.000000   0.354104  0.576223
newspaper  0.056648  0.354104   1.000000  0.228299
sales      0.782224  0.576223   0.228299  1.000000
```

各自变量与因变量线性回归结果如图 7-5 所示。

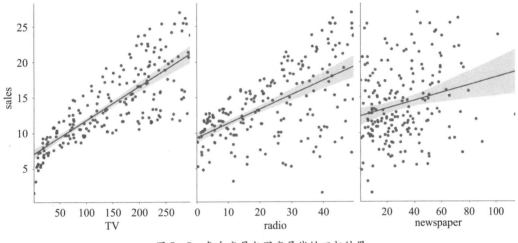

图 7-5　各自变量与因变量线性回归结果

可以看出,TV 特征和销量是有比较强的线性关系的,而 Radio 和 Sales 线性关系弱一些,Newspaper 和 Sales 线性关系更弱。

在了解了数据的各种情况后对数据集建立模型,第一步使用 train_test_split 函数来创建建立训练集与测试集。之后将训练集中的特征值与标签值放入 LinearRegression()模型中,且使用 fit 函数进行训练,在模型训练完成之后会得到多元线性回归的截距与回归系数,建立线性回归方程式。代码如下。

```
# train_size 表示训练集所占总数据集的比例
X_train, X_test, Y_train, Y_test = train_test_split(adv_data. iloc[:,:3], adv_
data. sales, train_size=.80)
```

```
print("原始数据特征：",adv_data.iloc[:,:3].shape,
    ",训练数据特征：",X_train.shape,
    ",测试数据特征：",X_test.shape)

print("原始数据标签：",adv_data.sales.shape,
    ",训练数据标签：",Y_train.shape,
    ",测试数据标签：",Y_test.shape)

model = LinearRegression()

model.fit(X_train,Y_train)

a = model.intercept_  #截距

b = model.coef_  #回归系数

print("最佳拟合线：截距",a,",回归系数：",b)
```

得到的结果为

```
In [59]: print("最佳拟合线:截距",a,",回归系数： ",b)
最佳拟合线:截距 2.8993485142658955 ,回归系数： [0.04485553 0.18542815 0.00754361]
```

所得的多元线性回归模型的函数为

$$y = 2.90 + 0.0449\text{TV} + 0.185\text{Radio} + 0.008\text{Newspaper}$$

从结果可以看出，在 TV 广告上每多投入 1 个单位，对应销量将增加 0.0449 个单位；在 Radio 广告上每多投入 1 个单位，对应销量将增加 0.187 个单位。接下来对数据集进行预测与模型测评，使用 predict 与 score 函数来获取所需要的预测值与得分。代码如下。

```
score = model.score(X_test,Y_test)
print(score)

#对线性回归进行预测
Y_pred = model.predict(X_test)
print(Y_pred)

plt.figure()
plt.plot(range(len(Y_pred)),Y_pred,'b',label="predict")
```

```
plt. plot(range(len(Y_pred)),Y_test,'r',label="test")
plt. legend(loc="upper right") ♯显示图中的标签
plt. xlabel("the number of sales")
plt. ylabel('value of sales')
plt. show()
```

运行结果为

```
In [65]: print(score)
0.9055509987440914
```

预测结果与实际结果的效果对比如图 7-6 所示。

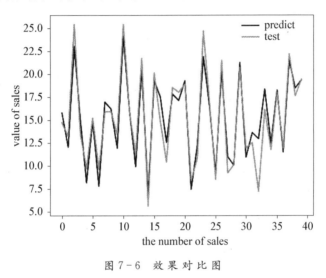

图 7-6　效　果　对　比　图

预测结果评分为 0.906，所以预测结果基本准确。从预测结果与实际结果的曲线图也可以看出，两者基本吻合，预测效果较好。

7.5　逻辑回归分析

当采用回归模型分析实际问题时，所研究的变量往往不全是区间变量，而是顺序变量或属性变量。比如二项分布问题，通过分析年龄、性别、体质指数、平均血压、疾病指数等指标来判断一个人是否患糖尿病，$Y=0$ 表示未患病；$Y=1$ 表示患病，这里的响应变量是一个两点（0 或 1）分布变量，因此就不能用函数的连续值来预测因变量 Y（Y 只能取 0 或 1）。

总之，线性回归或多项式回归模型通常是处理因变量为连续变量的问题，如果因变量是定性变量，则线性回归模型就不再适用，此时需采用逻辑回归模型来解决。逻辑回归（logistic regression）用于处理因变量为分类变量的回归问题，常见的是二分类或二项分布问题，也可以处理多分类问题。逻辑回归虽然有"回归"二字，但它实际上是一种分类方法。

7.5.1 逻辑回归模型

逻辑回归模型中的因变量只有 0 和 1（如"是"和"否"，或"发生"和"不发生"）两种取值。假设在 p 个独立变量 $x_1, x_2, \cdots, x_p$ 的作用下，记 y 取 1 的概率是 $p = p(y = 1 \mid X)$，取 0 的概率是 $1 - p$，取 1 和取 0 的概率之比为 $\dfrac{p}{1-p}$，成为时间的优势比（odds），odds 取自然对数即 Logistic 变换 $\mathrm{Logit}(p) = \ln\left(\dfrac{p}{1-p}\right)$。

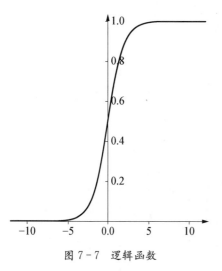

图 7-7 逻辑函数

令 $\mathrm{Logit}(p) = \ln\left(\dfrac{p}{1-p}\right) = z$，则 $p = \dfrac{1}{1 + \mathrm{e}^{-z}}$ 即为逻辑函数，概率 p 与自变量之间的关系往往是一条 S 形曲线，如图 7-7 所示。

当 p 在（0，1）之间变化时，odds 的取值范围是（0，$+\infty$），则 $\ln\left(\dfrac{p}{1-p}\right)$ 的取值范围是（$-\infty$，$+\infty$）。

逻辑回归模型是建立 $\ln\left(\dfrac{p}{1-p}\right)$ 与自变量的线性回归模型。逻辑回归模型的公式为

$$\ln\left(\frac{p}{1-p}\right) = \beta_0 + \beta_1 x_1 + \beta_2 x_2 + \cdots + \beta_p x_p + \varepsilon \tag{7-7}$$

因为 $\ln\left(\dfrac{p}{1-p}\right)$ 的取值范围是（$-\infty$，$+\infty$），所以自变量 $x_1, x_2, \cdots, x_p$ 可在任意范围内取值。记 $g(x) = \beta_0 + \beta_1 x_1 + \beta_2 x_2 + \cdots + \beta_p x_p$，得到式（7-8）和式（7-9）。

$$p = P(y = 1 \mid X) = \frac{1}{1 + \mathrm{e}^{-g(x)}} \tag{7-8}$$

$$1 - p = P(y = 0 \mid X) = 1 - \frac{1}{1 + \mathrm{e}^{-g(x)}} = \frac{1}{1 + \mathrm{e}^{g(x)}} \tag{7-9}$$

7.5.2 逻辑回归建模

逻辑回归模型的建模步骤如下。

（1）根据分析目的设置指标变量（自变量和因变量），然后收集数据，根据收集到的数据对特征再次进行筛选。

（2）y 取 1 的概率是 $p = P(y = 1 \mid X)$，y 取 0 的概率是 $1 - p$。用 $\ln\left(\dfrac{p}{1-p}\right)$ 和自变量列出线性回归方程，估计出模型中的回归系数。

（3）进行模型检验。模型有效性的检验指标有很多，最基本的是正确率，其次是混淆

矩阵、ROC 曲线、KS 值等。

（4）模型应用。输入自变量的取值就可以得到预测变量的值，或者根据预测变量的值去控制自变量的取值。

【实例 7-4】逻辑回归分析。

由于市场经济存在极大的不确定性，银行的应收账款很可能最终不能够全部收回，即可能发生部分或者全部的坏账。所谓坏账，是指不能够收回的应收账款。因此，如何降低贷款拖欠率是银行需要解决的一个重要问题。

下面对某银行贷款拖欠率的数据进行逻辑回归建模分析，数据如表 7-3 所示，这里因变量 y 代表是否违约，是个二分变量，y 取值为 1 表示违约，0 表示不违约。自变量分别为：x_1 表示贷款人年龄；x_2 表示教育水平；x_3 表示工龄；x_4 表示贷款人地址；x_5 表示收入；x_6 表示负债率；x_7 表示信用卡负债；x_8 表示其他负债。但这些自变量不一定都会对用户是否违约产生影响，因此，需要首先选取合适的特征属性，然后利用这些属性训练模型，预测用户是否出现违约，从而调整贷款政策，减少坏账的产生。

表 7-3 银行贷款拖欠率数据（部分数据）

年龄	教育	工龄	地址	收入	负债率	信用卡负债	其他负债	违约
41	3	17	12	176.00	9.30	11.36	5.01	1
27	1	10	6	31.00	17.30	1.36	4.00	0
40	1	15	14	55.00	5.50	0.86	2.17	0
41	1	15	14	120.00	2.90	2.66	0.82	0
24	2	2	0	28.00	17.30	1.79	3.06	1
41	2	5	5	25.00	10.20	0.39	2.16	0
39	1	20	9	67.00	30.60	3.83	16.67	0
43	1	12	11	38.00	3.60	0.13	1.24	0

首先引入需要的函数包，导入数据，并将数据集随机划分为训练集合测试集，其中训练集用于模型的训练，测试集用于检验模型，训练集样本量 560 个，测试集样本量 140 个，随机抽样设置的训练集与测试集样本大致比例为 8∶2。代码如下。

```
import numpy as np
import pandas as pd
import statsmodels. api as sm
import statsmodels. formula. api as smf

#导入数据
data= pd. read_excel('. /data/loan_data. xlsx')
print(data. head())
```

```
train = data. sample(frac=0. 8,random_state=12345). copy()
test = data[~data. index. isin(train. index)]. copy()
print('训练集样本量:%i \n 测试集样本量:%i'%(len(train),len(test)))
```

使用单自变量建立一元逻辑模型,代码如下。

```
formula='''y~x6'''
lg = smf. glm (formula = formula, data = train, family = sm. families. Binomial
(sm. families. links. logit)). fit()
print(lg. summary())
```

运行结果为

```
In [23]: print(lg.summary())
              Generalized Linear Model Regression Results
==============================================================================
Dep. Variable:                      y   No. Observations:                 560
Model:                            GLM   Df Residuals:                     558
Model Family:                Binomial   Df Model:                           1
Link Function:                  logit   Scale:                         1.0000
Method:                          IRLS   Log-Likelihood:               -282.51
Date:                Fri, 13 Aug 2021   Deviance:                      565.03
Time:                        14:54:34   Pearson chi2:                    555.
No. Iterations:                     4
Covariance Type:            nonrobust
==============================================================================
                 coef    std err          z      P>|z|      [0.025      0.975]
------------------------------------------------------------------------------
Intercept     -2.5085      0.216    -11.603      0.000      -2.932      -2.085
x6             0.1310      0.016      8.345      0.000       0.100       0.162
==============================================================================
```

可以看到,当仅使用 x_6 进行逻辑回归时,使用 summary 可以查看模型的基本信息、参数估计及检验。从运行结果中可以看到 x_6 的系数为 0.1310,P 值显著。

回归方程为

$$\ln\left(\frac{P}{1-P}\right)=-2.508\,5+0.131x_6$$

其中,x_6 代表负债率,$\ln\left(\frac{P}{1-P}\right)$ 代表违约概率。

$$\begin{cases}\ln\left(\dfrac{P}{1-P}\right)=-2.508\,5+0.131x_6 \\ \ln\left(\dfrac{P'}{1-P'}\right)=-2.508\,5+0.131(x_6+1)\end{cases} \rightarrow \begin{cases}\dfrac{P}{1-P}=\mathrm{e}^{-2.508\,5+0.131x_6} & (7-10) \\ \dfrac{P'}{1-P'}=\mathrm{e}^{-2.508\,5+0.131(x_6+1)} & (7-11)\end{cases}$$

式(7-10)除以式(7-11),得

$$\frac{\dfrac{P'}{1-P'}}{\dfrac{P}{1-P}} = \frac{e^{-2.5085+0.131(x_6+1)}}{e^{-2.5085+0.131x_6}} = e^{0.131} = 1.14$$

即负债率越高,每增加一个单位后的违约发生比是原违约发生比的 1.14 倍。其他的单变量也可以类似分析。

引入全部自变量进行多元逻辑回归。代码如下。

```
formula='y~x1+x2+x3+x4+x5+x6+x7+x8'
lg_m=smf.glm(formula=formula,data=train,family=sm.families.Binomial
(sm.families.links.logit)).fit()
print(lg_m.summary())
```

运行结果为

```
                  Generalized Linear Model Regression Results
==============================================================================
Dep. Variable:                      y   No. Observations:                  560
Model:                            GLM   Df Residuals:                      551
Model Family:                Binomial   Df Model:                            8
Link Function:                  logit   Scale:                          1.0000
Method:                          IRLS   Log-Likelihood:                -227.13
Date:                Fri, 13 Aug 2021   Deviance:                       454.27
Time:                        15:25:33   Pearson chi2:                     559.
No. Iterations:                     6
Covariance Type:            nonrobust
==============================================================================
                 coef    std err          z      P>|z|      [0.025      0.975]
------------------------------------------------------------------------------
Intercept     -1.2529      0.686     -1.826      0.068      -2.597       0.092
x1             0.0138      0.020      0.701      0.483      -0.025       0.053
x2             0.1442      0.134      1.074      0.283      -0.119       0.407
x3            -0.2287      0.035     -6.453      0.000      -0.298      -0.159
x4            -0.0878      0.025     -3.453      0.001      -0.138      -0.038
x5            -0.0065      0.008     -0.807      0.420      -0.022       0.009
x6             0.0726      0.032      2.248      0.025       0.009       0.136
x7             0.5507      0.117      4.711      0.000       0.322       0.780
x8             0.0534      0.079      0.679      0.497      -0.101       0.207
==============================================================================
```

可以看到,x_3,x_4,x_6,x_7 比较显著,而其他变量不显著。可以删除不显著的变量,也可以使用变量筛选方法:向前法、向后法或逐步法。筛选的原则一般选择 AIC、BIC 或者 P 值。下面使用向前法进行逐步回归,代码如下。

```
def forward_select(data,response):
    remaining=set(data.columns)
    remaining.remove(response)
    selected=[]
```

```
        current_score,best_new_score=float('inf'),float('inf')
        while remaining：
            aic_with_candidates=[]
            for candidate in remaining：
                formula="{}～{}". format(
                    response,'+'. join(selected+[candidate]))
                aic=smf. glm(
formula= formula, data = data, family = sm. families. Binomial(sm. families.
links. logit)
                ). fit(). aic
                aic_with_candidates. append((aic,candidate))
            aic_with_candidates. sort(reverse=True)
            best_new_score,best_candidate=aic_with_candidates. pop()
            if current_score>best_new_score：
                remaining. remove(best_candidate)
                selected. append(best_candidate)
                current_score=best_new_score
                print('aic is {},continuing！'. format(current_score))
            else：
                print('forward selection over！')
                break

        formula = "{} ～ {} ". format(response, ' + '. join(selected))
        print('final formula is {}'. format(formula))
        model=smf. glm(
            formula=formula,data=data,
            family=sm. families. Binomial(sm. families. links. logit)
        ). fit()
        return(model)

candidates=['y',"x1",'x2','x3','x4','x5','x6','x7','x8']
data_for_select=train[candidates]

lg_m1=forward_select(data=data_for_select,response='y')
print(lg_m1. summary())
```

运行结果为

```
                    Generalized Linear Model Regression Results
==============================================================================
Dep. Variable:                     y   No. Observations:                 560
Model:                           GLM   Df Residuals:                     555
Model Family:               Binomial   Df Model:                           4
Link Function:                 logit   Scale:                         1.0000
Method:                         IRLS   Log-Likelihood:               -228.26
Date:               Fri, 13 Aug 2021   Deviance:                      456.51
Time:                       15:27:42   Pearson chi2:                     536.
No. Iterations:                    6
Covariance Type:           nonrobust
==============================================================================
                 coef    std err          z      P>|z|      [0.025      0.975]
------------------------------------------------------------------------------
Intercept     -0.8471      0.275     -3.082      0.002      -1.386      -0.308
x6             0.0884      0.020      4.333      0.000       0.048       0.128
x3            -0.2270      0.031     -7.382      0.000      -0.287      -0.167
x7             0.5250      0.091      5.752      0.000       0.346       0.704
x4            -0.0769      0.021     -3.579      0.000      -0.119      -0.035
==============================================================================
```

可以看到,不显著的变量已经被自动删除了。变量筛选有时候还需要结合对业务的理解。接下来可以对用户进行预测,输出违约概率,并得到模型的准确率,代码如下。

```
#预测结果
train['proba']=lg_m1.predict(train)
test['proba']=lg_m1.predict(test)
print(test['proba'].head())

#模型准确率
test['prediction']=(test['proba']>0.5).astype('int')
acc=sum(test['prediction']==test['y'])/np.float(len(test))
print('The accurancy is %.2f'% acc)
```

运行结果为

```
In [28]: print(test['proba'].head())
5     0.221121
23    0.114302
29    0.496134
32    0.282920
34    0.079916
Name: proba, dtype: float64

In [29]: print('The accurancy is %.2f'% acc)
The accurancy is 0.83
```

由结果可知,模型的预测准确率为0.83。

习 题

1. 请简述线性回归、多元线性回归、逻辑回归的过程。

2. 地区生产总值(地区GDP)与多个因素相关,某研究小组选取了某省农业、工业、建筑业等9个产业和GDP数据,请根据数据对2021年的GDP进行预测。

3. 在一个关于公共交通的社会调查中,一个调查项目是"乘坐公共汽车上下班,还是骑自行车上下班"调查对象为工薪族群体,研究者要将"年龄""月收入""性别"三个变量作为潜在影响因素,出行意愿为y,进行逻辑回归。数据如表7-4所示。

表7-4 出行意愿调查表

	A	B	C	D
1	性别	年龄	月收入	y
2	0	18	4 250	0
3	0	21	6 000	0
4	0	23	4 250	1
5	0	23	4 750	1
6	0	28	6 000	1
7	0	31	4 250	0
8	0	32	7 500	1
9	0	42	5 000	1
10	0	46	4 750	1
11	0	48	6 000	0
12	0	55	9 000	1
13	0	56	10 500	1
14	0	58	9 000	1
15	1	18	4 250	0
16	1	20	5 000	0
17	1	25	6 000	0
18	1	27	6 500	0

因变量$y=1$表示主要乘坐公共汽车,$y=0$表示主要骑自行车;性别为1表示男性,0表示女性。

第 8 章

灰色预测及应用

本章知识点

(1) 了解灰色预测的理论,理解灰色预测的原理。

(2) 掌握灰色预测模型的构建流程。

(3) 掌握 Python 的解决方案。

当要用以往的数据预测未来数据时,常用的方法有定性和定量两种。定性的方法有德尔菲法、专家法、类推预测法等;定量的方法有回归分析(线性、非线性、一元、多元),插值拟合、马尔可夫预测等方法。但这些方法都需要大量的数据作为支撑,当数据量较小时,这些方法就不太实用了。而灰色预测就是用来解决小样本空间的预测问题。

8.1 灰色预测基本理论

8.1.1 问题的提出

先考虑如下问题。

如果已知四年的财务利润,问:第五年的财务利润最大可能是多少?

看到这个问题,一般的解决办法有定性和定量两种解决思路。

(1) 定性解决。根据经验,在原有的数据上进行加减。预测的精度与预测人员的经验、知识等因素有关。

(2) 定量处理。利用回归分析、神经网络、支持向量机等数理统计的方法进行处理。但回归分析、支持向量机、神经网络这些方法需要大样本(也就是较多的数据或者说大数据集),并且要求样本有较明显的分布规律,而且计算量大,甚至出现量化的结果与定性分析的结果不符的情况。而在本例中,只有 7 个数据,且 7 个数据呈现了波动。因此,难以用这些方法解决问题。

针对这种情况,华中理工大学邓聚龙教授于 1982 年提出了基于灰色系统理论的灰色预测方法。

8.1.2　灰色系统理论

在自然界和思维领域,不确定性问题普遍存在。其中大样本、多数据的不确定性问题可以用概率论和数理统计解决;而认识的不确定性问题,可以用模糊数学解决。然而,还有另外一类不确定性问题,也就是少数据、小样本、信息不完全和经验缺乏的不确定性问题。

如果我们将系统的因素明确、因素之间的关系确定、系统结构清晰、系统原理明了的这类系统称为白色系统,而将系统的因素完全不知道,也就无从知道其关系,系统结构不知道、系统原理不明了的这类系统称为黑色系统。那么系统因素不完全明确、因素关系不完全清楚、系统结构不完全知道、系统的作用原理不完全明了的系统称为灰色系统,如图8-1所示。

黑色系统　　灰色系统　　白色系统

图 8-1　灰色系统理论

灰色系统指既含有已知信息又含有未知信息的系统,也可以说它是部分信息已知、部分信息未知的系统。灰色系统理论是针对少数据、不确定性问题的新方法。少数据、不确定性亦称灰性,具有灰性的系统称为灰色系统。

灰色系统理论认为,虽然一个灰色系统表现出来的数据杂乱无章,但其内部必然存在规律。将表现出来的数据进行处理,消除随机性从而找到规律。

灰色序列生成是一种通过对原始数据的挖掘、整理来寻求数据变化现实规律的途径,简称灰生成。灰生成的特点是在保持原序列形式的前提下,改变原序列中数据的值与性质。

灰色系统理论认为,一切灰色序列都能通过某种生成弱化其随机性,显现其规律性。通过灰生成,系统有了较强规律性的数据序列,利用生成的数据序列建立微分方程模型,从而利用建立的微分方程来预测事物未来发展趋势的状况。

8.2　GM(1, 1)模型

M:model,模型;G:grey,灰色。GM(1, 1)中第一个 1 表示一阶方程,第二个 1 表示一个变量或者一个序列。GM(1, 1)模型适合具有较强的指数规律的数列,只能描述单调的变化过程。并且要求数据间隔相等。

设现有非负数列:$X^0 = [X^0(1), X^0(2), X^0(3), \cdots, X^0(n)]$,现在希望知道 $X^0(n+1)$ 是多少? 角标 0 表示原始数据,而 1,2,$\cdots$,n 表示数据序列。

利用 GM(1, 1)预测步骤如下。

1. 数据的级比检验

前面提到,GM(1, 1)只能描述较强的指数规律单调的变化序列,因此数据必须是非

负的、等时距的,且符合指数规律。在应用 GM(1,1)之前,需要对原始数据进行检查。检查表达式为

$$\lambda(k)=\frac{X^0(K-1)}{X^0(K)} \quad k=2,3,\cdots,n \tag{8-1}$$

如果所有 λ 值均落在 $(e^{-\frac{2}{n+1}},e^{\frac{2}{n+1}})$ 之间,则可行。否则,需要对数据进行平移,使得数据落在区间中。

平移方法就是原有数据加上一个常数,即 $y^0(k)=X^0(k)+c$,并使 $y^0(k)$ 满足级比即可。

针对表 8-1 的数据,进行级比校验,数据分别是 1.004 16,1.009 8,0.991 667,1.005 59,而 $(e^{-\frac{2}{n+1}},e^{\frac{2}{n+1}})$ 的区间是(0.778 8,1.284),满足条件,可以用 GM(1,1)模型进行预测。

2. 灰生成序列和中值序列

将原始数据列中的数据按某种要求做数据处理称为灰生成。在很多时候,客观世界的事物表现出来的数据可能是杂乱无章的,但其内部必然存在着某种规律,只不过这种规律被掩盖,难以表现出来。灰生成就是通过在杂乱无章的现象中去发现内在规律。

常用的灰生成有累加生成、累减生成、均值生成、级比生成等。累加生成是通过数列间各个数据的依次累加得到新的数列。累加前的数据称为原始数据,累加后的数据称为生成数据。累加生成可以使得任意非负数列、摆动数列转化为非减的和递增的数列。

满足数据可用的基本条件后,就需要对原始数据进行处理,生成一次累加序列和中值序列。

元素序列数据:$X^0=(X^0(1),X^0(2),\cdots,X^0(n))$,做一次累加生成(accumulating generation operator,1-AGO),产生新的数据 X^1,则

$$X^1=(X^1(1),X^1(2),\cdots,X^1(n))$$

这里,我们用 X^1 表示一次累加生成数据。

新的数据的表达式

$$X^1(k)=\sum_{i=1}^{k}X^0(i),k=1,2,\cdots,n \tag{8-2}$$

因此,可以得到

$X^1(1)=71.1$

$X^1(2)=X^0(1)+X^0(2)=X^1(1)+X^0(2)=143.5$

$X^1(3)=X^0(1)+X^0(2)+X^0(3)=X^1(2)+X^0(3)=215.9$

$X^1(4)=X^0(1)+X^2(2)+\cdots+X^0(4)=X^1(3)+X^0(4)=288$

$X^1(5)=359.4,X^1(6)=431.4,X^1(7)=503$

新的数据序列存在一个特征,即从 2 开始,任何一个生成数据都是通过前一个生成数据加上一个原始数据获得,即

$$X^1(n) = X^1(n-1) + X^0(n)$$

通过灰生成弱化了随机干扰，增强了数据的规律性。原始数据和一次累加数据的图像如图 8-2 所示。

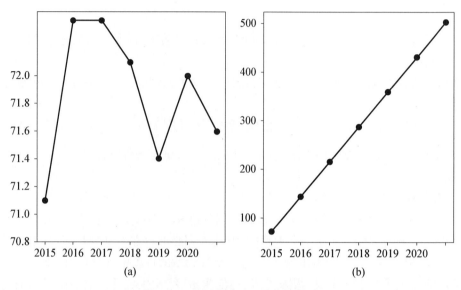

图 8-2　原始数据和一次累加数据

(a)原始数据图像；(b)一次累加数据图像

生成均值序列。所谓均值生成，就是对于等时距的数列，用相邻数据的平均值构造新的数据。

令 $Z^{(1)}$ 为 $X^{(1)}$ 的紧邻均值生成序列，则

$$Z^1(K) = \{\alpha X^1(K) + (1-\alpha)X^1(K-1) \quad K = 2, 3, 4, \cdots, N \qquad (8-3)$$

其中，$0 \leqslant \alpha \leqslant 1$，一般情况下为 0.5。（注意，中值序列 Z 少了一个，从 2 开始）

通过中值数据的生成，进一步弱化了随机干扰，增强了数据的规律性。

$$Z^1(2) = 107.3, \ Z^1(3) = 179.7, \ Z^1(4) = 251.95,$$
$$Z^1(5) = 323.7, \ Z^1(6) = 395.4, \ Z^1(7) = 467.2$$

3. 建立模型

因为原始数据均为正数，且满足级比校验，所以，一次累加生成数据满足指数增长的规律，也就是满足一阶微分方程。

假设序列 X^1 满足微分方程：$\dfrac{\mathrm{d}x^1(k)}{\mathrm{d}k} + ax^1(k) = b$，我们需要知道 a 和 b 的值。但如何求呢？

现在根据累加生成系列 $X^1(k) = X^1(k-1) + X^0(k)$，将这个表达式进行变换得到：

$$X^1(k) - X^1(k-1) = X^0(k) \qquad (8-4)$$

根据牛顿-莱布尼茨公式

$$\int_{k-1}^{k} \frac{\mathrm{d}x^1(t)}{\mathrm{d}t}\mathrm{d}t = X^1(k) - X^1(k-1) = X^0(k)$$

注意，$X^1(k) - X^1(k-1) = X^0(k)$，这是一个差分方程。在离散序列中，可以用差分代替微分。

根据定积分的几何意义：$z^1(k) = \dfrac{X^1(k) + X^1(k-1)}{2} \approx \displaystyle\int_{k-1}^{k} X^1(t)\mathrm{d}t$

用差分代替微分，得到：$\dfrac{\mathrm{d}x^1(k)}{\mathrm{d}k} = X^0(k)$

式(8-4)就变成：$X^0(k) + aX^1(k) = b$，这就是灰微分方程。而 $\dfrac{\mathrm{d}X^1(k)}{\mathrm{d}k} + aX^1(k) = b$ 称为白化方程。因为大写的符号不符合我们的习惯，因此将方程变换为

$$X^0(k) + aZ^1(k) = b \Rightarrow x^0(k) + az^1(k) = b$$

将 $x^0(k) + az^1(k) = b$ 进行变换得到

$$x^0(k) = -az^1(k) + b$$

将观测值代入得

$$x^0(2) = -\alpha z^1(2) + b = -\alpha(0.5x^1(2) + 0.5x^1(1)) + b$$
$$x^0(3) = -\alpha z^1(3) + b = -\alpha(0.5x^1(3) + 0.5x^1(2)) + b$$
$$\cdots$$
$$x^0(N) = -\alpha z^1(N) + b = -\alpha(0.5x^1(N) + 0.5x^1(N-1)) + b$$

以上表达式用矩阵表示为

$$\begin{bmatrix} -z^1(2) & 1 \\ -z^1(3) & 1 \\ \cdots & \cdots \\ -z^1(n) & 1 \end{bmatrix} \begin{bmatrix} a \\ b \end{bmatrix} = \begin{bmatrix} \bar{x}^0(2) \\ \bar{x}^0(3) \\ \cdots \\ \bar{x}^0(n) \end{bmatrix}$$

现规定

$$\begin{bmatrix} -z^1(2) & 1 \\ -z^1(3) & 1 \\ \cdots & \cdots \\ -z^1(n) & 1 \end{bmatrix} = \boldsymbol{x}$$

$$\begin{bmatrix} a \\ b \end{bmatrix} = \boldsymbol{\beta}$$

$$\begin{bmatrix} \bar{x}^0(2) \\ \bar{x}^0(3) \\ \cdots \\ \bar{x}^0(n) \end{bmatrix} = \bar{\boldsymbol{y}}$$

其中，α，b 为待求系数，$\bar{x}^0(k)$ 为计算值，α，b 为使观测值和实际值差值最小的数据

表达式变为

$$x\boldsymbol{\beta} = \bar{y} \qquad (8-5)$$

因为要求观测值与实际值的差值最小，因此用如下表达式为

$$\boldsymbol{\delta} = \min \sum_{1}^{n} \| y - \bar{y} \| \qquad (8-6)$$

$$\boldsymbol{\delta} = (y - x\boldsymbol{\beta})^{\mathrm{T}}(y - x\boldsymbol{\beta}) = (y - x\boldsymbol{\beta})^{\mathrm{T}} y - (y - x\boldsymbol{\beta})^{\mathrm{T}} x$$
$$= y^{\mathrm{T}} y - \boldsymbol{\beta}^{\mathrm{T}} x^{\mathrm{T}} y - y^{\mathrm{T}} x\boldsymbol{\beta} + \boldsymbol{\beta}^{\mathrm{T}} x^{\mathrm{T}} x$$

根据求导法则：$\dfrac{\partial(AB)}{\partial B} = A^{\mathrm{T}}$，$\dfrac{\partial BA}{\partial B} = IA = A$ 对 $\boldsymbol{\delta}$ 求 $\boldsymbol{\beta}$ 的导数，得

$$\frac{\partial \boldsymbol{\delta}}{\partial \boldsymbol{\beta}} = 0 - x^{\mathrm{T}} y - x^{\mathrm{T}} y + x^{\mathrm{T}} x\boldsymbol{\beta} + x^{\mathrm{T}} x\boldsymbol{\beta} = 2x^{\mathrm{T}} x\boldsymbol{\beta} - 2x^{\mathrm{T}} y = 0$$

$$\boldsymbol{\beta}^{\mathrm{T}} = (x^{\mathrm{T}} x)^{-1} x^{\mathrm{T}} y$$

其中，$x = \begin{vmatrix} -z^1(2) & 1 \\ \cdots & \cdots \\ -z^1(n) & 1 \end{vmatrix}$，$y = \begin{vmatrix} x^0(2) \\ \cdots \\ x^0(n) \end{vmatrix}$

当求出系数后，代入原来的微分方程，得

$$\frac{\mathrm{d}x^1(t)}{\mathrm{d}t} + \alpha z^1(t) = b$$

注意到 $x^1(t)\,|_{t=1} = x^0(1)$，这个微分方程的解为

$$\bar{x}^1(t) = \left(x^0(1) - \frac{b}{\alpha}\right) \mathrm{e}^{-a(t-1)} + \frac{b}{\alpha}$$

所以，$x^1(k+1) = \left(x^0(1) - \dfrac{b}{\alpha}\right) \mathrm{e}^{-ak} + \dfrac{b}{\alpha}$

在求的 x^1 数据序列后，应当注意到这个数列是累加序列，应当对其进行处理后才能得到预测数据。这就用到了累减生成（inverse accumulated generating operation，IAGO）。

累减生成，即对数列求相邻两数据的差。累减生成是累加生成的逆运算，可将累加生成还原为非生成数列，在建模过程中用来获得增量信息，其运算符号为 $x^0(n+1) = x^1(n+1) - x^1(n)$。其中，$x^1(n)$ 为原有数据序列的生成数的最后一个，而 $x^1(n+1)$ 可以用表达式计算，因此可以预测下一个数据。

GM(1,1) 适用情况和发展系数的大小有很大的关系，使用过程中有如下结论。

(1) 当 $|a| > 2$ 时，模型没有意义；当 $|a| < 2$ 时，GM(1,1) 才有意义。

(2) 当 a 取不同值时，预测的最终效果也不相同，具体讨论如下：

① 当 $-a < 0.3$ 时，GM(1,1) 模型适合于中期和长期数据的预测。

② 当 $0.3 < -a \leqslant 0.5$ 时，GM(1,1) 模型适合于短期预测，中长期数据预测应谨慎

使用。

③ 当 $0.5 < -\alpha \leqslant 0.8$ 时，GM(1，1)模型对于预测短期数据应谨慎使用。

④ 当 $0.8 < -\alpha \leqslant 1.0$ 时，应对 GM(1，1)进行残差修正后使用。

⑤ 当 $-a > 1$ 时，不宜使用 GM(1，1)模型进行预测。

所以，我们可以根据预测出来的 a 和上述范围比较，来确定其适用情况。

8.3 模型评价

1. 计算相对误差(ξ)

相对误差值＝绝对误差/原始值，而绝对误差等于实际值与计算值之差。相对误差值越小越好，一般情况下小于 20%，即说明拟合良好。相对误差的公式为

$$\xi_k = \frac{x^0(k) - \hat{x}{}^0(k)}{x^0(k)}$$

其中，$x^0(k) - \hat{x}{}^0(k)$ 称为残差。若 $|\xi_k| < 0.1$，则认为达到较高要求；若 $|\xi_k| < 0.2$，则认为达到一般要求。

2. 级比偏差值检验

级比偏差值也用于衡量拟合情况和实际情况的偏差，一般该值小于 0.2 即可。根据前面计算出来的级比 $\lambda(k)$ 和发展系数 a，计算相应的级比偏差，即

$$\rho(k) = 1 - \frac{1 - 0.5a}{1 + 0.5a}\lambda(k)$$

若 $|\rho(k)| < 0.1$，则认为达到较高要求；若 $|\rho(k)| < 0.2$，则认为达到一般要求。

8.4 Python 代码实现

1. 准备数据

在推导预测模型的过程中，我们需要用到矩阵相乘和矩阵求逆的运算。为了减少代码，可以使用 numpy 和 pandas 包来实现，因此需要引入这两个包。代码如下。

```
import numpy as np
import pandas as pd
```

企业近七年的财务杠杆数据如表 8-1 所示。

表 8-1 企业近七年来的财务杠杆数据

年度	2001 年	2002 年	2003 年	2004 年	2005 年	2006 年	2007 年
财务杠杆系数	71.1	72.4	72.4	72.1	71.4	72.0	71.6

将以上数据形成 DataFrame，输入以下代码。

```
data = pd.DataFrame({'年度':[2014,2015,2016,2017,2018,2019,2020],'利润':[71.1,72.4,72.4,72.1,71.4,72.0,71.6]})
```

随后，使用级比校验检查数据是否可用。这时候，需要取出所需要使用的数据，然后对数据进行处理。

2. 进行级比校验

$$\lambda(k) = \frac{x^0(k-1)}{x^0(k)}, \quad k = 2, 3, \cdots, n$$

如果所有的值均落在 $\{(e^{-\frac{2}{n+1}}, e^{\frac{2}{n+1}})\}$ 之间，则证明数据可用。否则需要将数据加上一个常数。

```
x_0 = data.loc[:,"利润"].values    #取出利润列,并将利润的标题去掉
n = len(x_0)    #获取数据量的大小
zeta = x_0[:n-1]/x_0[1:]    #生成级比数据序列
Zeta_max = max(zeta)
Zeta_min = min(zeta)
if np.exp(2/(n+1)) > Zeta_max and Zeta_min > np.exp(-2/(n+1)):
#如果满足要求,则生成累计生成序列和中值序列
        return True
    else:
        i = 1
while True:
    x_0 = x_0 + i
    zeta = x_0[:n-1]/x_0[1:]    #生成级比数据序列
    Zeta_max = max(zeta)
    Zeta_min = min(zeta)
    if np.exp(2/(n+1)) > Zeta_max and Zeta_min > np.exp(-2/(n+1)):
#如果满足要求,则生成累计生成序列和中值序列
        return True
    if i > 10:
        return False
    else:
        i += 1
```

3. 生成累加生成序列和中值序列

通过了级比校验的数据，进行进一步加工，生成累加生成序列和中值序列。累加生成

序列的表达式为：$X^1(k) = \sum_{i=1}^{k} X^0(i)$，$k = 1, \cdots, n$。numpy 中的 cumsum 函数可以实现这个功能。代码如下。

```
x_1 = np.cumsum(x_0)    #如果条件满足,则生成一次累加序列 x_1
n = len(x_1)
z = (x_1[:n-1]+x_1[1:])/2    #利用广播的方式,生成中值序列
```

微分方程的表达式是 $x\boldsymbol{\beta} = \bar{y}$，现在形成 x 并求系数矩阵。其中，np.linalg 包中的 inv 函数用来求矩阵的逆，而 np 中的 dot 函数用来求矩阵的内积（点乘）。微分方程系数矩阵是 $\boldsymbol{\beta}^{\mathrm{T}} = (x^{\mathrm{T}}x)^{-1}x^{\mathrm{T}}y$。因为矩阵乘法满足结合律，因此可以先求 $(x^{\mathrm{T}}x)^{-1}$ 和 $x^{\mathrm{T}}y$，然后再相乘。

```
x = np.array([-z,[1]*(n-1)]).T
#生成 x 矩阵

beta_1 = np.linalg.inv(np.dot(x.T,x))    #求 (xᵀx)⁻¹

beta_2 = np.dot(x.T,x_0[1:])    #求 xᵀy
beta = beta_1.dot(beta_2)    #beta[0] 是系数 a,beta[1]是系数 b
```

查看一下 beta 的值可以发现，a 的值为 $-0.130\,039$，适合做中长期预测。

现在根据求得的系数，求解方程的解，公式为

$$x^1(k) = \left(x^0(1) - \frac{b}{\alpha}\right)\mathrm{e}^{-\alpha k} + \frac{b}{\alpha}$$

$$x^0(k) = x^1(k) - x^1(k-1) \quad k = 2, \cdots, n$$

计算相对残差

$$\xi_k = \frac{x^0(k) - \hat{x}{}^0(k)}{x^0(k)}$$

若 $|\xi_k| < 0.1$，则认为达到较高要求。
若 $|\xi_k| < 0.2$，则认为达到一般要求。

```
xi = (np.array(x_0_comp)-np.array(x_0))/np.array(x_0)    #计算相对误差
```

xi 的值为 $[\,0,\ 0.000\,138\,12,\ -0.002\,348\,07,\ -0.000\,416\,09,\ 0.007\,002\,8,$ $-0.003\,75,\ -0.000\,558\,66\,])$

可以看到，相对残差的值全部小于 0.1，达到了较高要求，并且可以进行短期预测。

完整的代码如下。

```python
import numpy as np
import pandas as pd
import matplotlib.pyplot as plt
data = pd.DataFrame({'年度':[2014,2015,2016,2017,2018,2019,2020],\
    '利润':[71.1,72.4,72.4,72.1,71.4,72.0,71.6]})
x_0 = data.loc[:,"利润"].values    #取出利润列,并将利润的标题去掉
n = len(x_0)
zeta = x_0[:n-1]/x_0[1:]    #生成级比数据序列
Zata_max = max(zeta)
Zata_min = min(zeta)
i = 0
while True:
    x_0_temp = x_0
    x_0_temp = x_0_temp+i
    zeta = x_0_temp[:n-1]/x_0_temp[1:]    #生成级比数据序列
    Zata_max = max(zeta)
    Zata_min = min(zeta)
    t = (np.exp(2/(n+1)) < Zata_max) or (Zata_min < np.exp(-2/(n+1)))
    if t:
        if i >10:
            break
        else:
            i +=1
            continue
    break
x_1 = np.cumsum(x_0)    #如果条件满足,则生成一次累加序列 x_1
n = len(x_1)
z = (x_1[:n-1]+x_1[1:])/2
x = np.array([-z,[1]*(n-1)]).T    #生成 x 矩阵
beta_1 = np.linalg.inv(np.dot(x.T,x))
beta_2 = np.dot(x.T,x_0[1:])
beta = beta_1.dot(beta_2)    #beta[0] 是系数 alpha,beta[1]是系数 b
#根据微分方程的解,求解各个时间的数据
x_1_comp =list()    #形成一个空的列表,用来存放计算出来的一次累加序列
for k in range(0,n):
    temp = round((x_0[0]-beta[1]/beta[0]) * np.exp(-beta[0] * k)+beta[1]/beta[0],2)
```

```
#利用公式计算 x_0 的各个数据
    x_1_comp. append(temp)  #将数据放入到 x_1_comp 中。x_1_comp 是计
算的一次累加生成序列
x_0_comp = list()  #形成一个空的列表,用来存放计算出来的原始数据序列
x_0_comp. append(x_1_comp[0]-i)  #第一个数据保留
for x in range(1,len(x_1_comp)):
    x_0_comp. append(round(x_1_comp[x]-x_1_comp[x-1]-i,2))
#计算相对残差
xi = (np. array(x_0_comp)-np. array(x_0))/np. array(x_0)  #计算相对误差
x_0_label =[2014,2015,2016,2017,2018,2019,2020]
plt. plot([1,2,3,4,5,6,7],x_0)
x_1_comp. append(round((x_0[0]-beta[1]/beta[0]) * np. exp(-\
    beta[0] * 7)+beta[1]/beta[0],2))
x_0_comp. append(round(x_1_comp[7]-x_1_comp[6]-i,2))
print(x_0_comp)
```

习　题

1. 单项选择题

(1) 灰色系统的内部特征是(　　)。

A. 完全已知的　　　　　　　　B. 完全未知的

C. 一部分信息已知,一部分信息未知　　D. 以上都可以

(2) 黑色系统的内部特征是(　　)。

A. 完全已知的　　　　　　　　B. 完全未知的

C. 一部分信息已知,一部分信息未知　　D. 以上都可以

(3) 用观察到的反映预测对象特征的时间序列来构造灰色预测模型,预测未来某一时刻的特征量或达到某一特征量时间的方法属于(　　)。

A. 时间序列预测　　B. 畸变预测　　　C. 系统预测　　　D. 拓扑预测

(4) 在建立灰色预测模型之前,需先对原始时间序列进行数据处理是为了(　　)。

A. 弱化原始时间序列的随机性　　B. 弱化原始时间序列的趋势性

C. 弱化原始时间序列的季节性　　D. 弱化原始时间序列的周期性

(5) 已知序列 $x=(1,3,4,6,8,9)$,此序列做一次累加生成记为 x^1,则下列说法中不正确的是(　　)。

A. $x^1(1)=1$　　　B. $x^1(2)=4$　　　C. $x^1(3)=8$　　　D. $x^1(4)=13$

2. 简述灰色预测要经历哪些步骤。

3. 对数据进行校验的目的是什么?

第 9 章

支持向量机及应用

本章知识点

（1）了解 SVM 的思想以及解决问题的思路。

（2）掌握边界、决策面的相关概念。

（3）掌握线性分类函数的含义。

（4）掌握 python 中相关函数的应用。

如果将一系列的对象进行分成两类，如何分呢？例如：上市公司在一定的时间内需要公布财务报表，其中，有的公司会造假，有的不会，并且已经有历史数据，给出了造假公司公布的财务数据。那么，如何根据历史数据判断公司是否造假或者没有造假呢？

当然，对已有对象进行分类的方法有很多。例如关联规则、回归分析等都可以建立模型，实现根据历史数据将公司进行划分的功能。

进阶思考：如果以这些样本作为参考对象，建立了分类方法，现在又有新的对象加入进来，按照本例中创建的方法，将新的对象划分为这里面的一种，如何分呢？分得合理吗？精确度如何？

应用传统的分类方法所建立的模型对于历史数据精确度较高，但在判断一些新的对象的时候，其精确度受到了影响。特别是新对象的数据与历史数据并没有重合的时候，分类方法有可能不能很好地识别事物。因此如何找到合理的分类方法，使得即使出现一些随机干扰因素，也能正确分类，这就是支持向量机最初的由来。

9.1　最大间隔与超平面

支持向量机（support vectors machine，SVM）。其中，SV 就是支持向量，M 表示机器（machine，classifier，分类器）。在机器学习领域，每一种算法习惯称为机器，其实是算法。因此，SVM 又可以称为支持向量算法。

支持向量机是 Cortes 和 Vapnik 于 1995 年首先提出的，由于解决小样本、非线性及高维模式识别中表现出许多特有的优势，能够在函数拟合等机器学习中得到应用，在过去的几年内得到了快速发展。

支持向量机是一种分类模型,它的基本模型是定义在特征空间上的间隔最大的线性分类器,这是一种机器学习算法。SVM 中最关键的思想之一就是引入和定义了"间隔"这个概念。

先从基本的二维数据说起。如图 9-1 所示,现在有一个二维平面,平面上有两种不同的数据,分别用圈和叉表示,每个数据都有两个坐标值,代表该数据的属性。现在想将这两类数据分成两类,应当如何分呢?

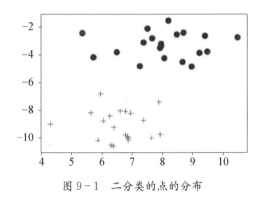

图 9-1　二分类的点的分布

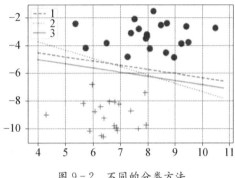

图 9-2　不同的分类方法

从直观的角度来说,要区分这两种数据,可以用图 9-2 中的任何一条直线(当然,你也可以做出其他直线或者曲线,并发现有无数条线可以分隔开)。但从正确率的角度上看,最好是 3 号线。观察一下,如果用 2 号线进行分隔,那么靠近 2 号线的数据稍微有一些扰动,就很容易将数据归类错误。而用 3 号线进行分隔,即使数据点有一些扰动,还是有很大概率将这些点正确分开。

(1) 如何找到最佳的直线? 基本思想就是由于这些点表现为两个方面的特征 (x, y),现在根据某种规则,将其映射为空间中的一个点,在空间寻找两类样本的最优分类超平面,用这个超平面区分这两类事物。如图 9-3 中的决策面就是最优的超平面。

(2) 为什么是超平面? 上面的数据是二维,有两个特征 (x_1, x_2),可以用一条直线进行分隔。当特征的数量是多个的时候,表现在坐标上就是多维,要分隔两类数据就不是直线了,可能是一个平面,也可能是一个曲面。把

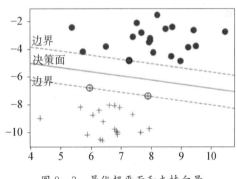

图 9-3　最优超平面和支持向量

可以区分多类数据的直线、平面或者曲面统称为"超平面"。对于图 9-1 来说,超平面就是用于分隔的直线。

(3) 什么是最优? 比较好的超平面具备这样的特征:当样本局部扰动时,对它的影响最小,产生的分类结果最棒,对未见实例的泛化能力最强。也就是说,当形成模型以后,数

据在一定范围内变动时,这个超平面还能够正确地区分数据的类型。图9-3的数据有一定的扰动,还能够正确地区分数据。这是因为在空间中,两类数据的空间距离最大,即间隔最大。而对于图9-2来说,最优的超平面就是3号线。

（4）什么是支持向量？在图9-3中,被圈起来的数据有三个,而这三个点就确定了分界面,它们距离决策面的距离相等。这三个点的要求是:和超平面距离最大,和边界距离最小。只要确定这三个点,那么,平行决策面的两条虚线就可以确定了。其余所有的点与决策面的距离都大于这三个点。这三个点被称为支持向量。找到这三个点的算法就是支持向量机。

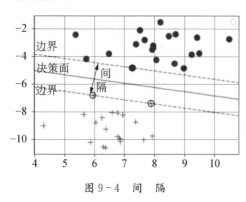

图9-4　间　隔

（5）什么是间隔？对于任意一个超平面,其两侧数据点都距离它有一个最小距离（垂直距离）,这两个最小距离的和就是间隔。如图9-4中两条虚线构成的带状区域就是间隔,虚线是由距离中央实线最近的三个点所确定出来（也就是由支持向量决定）。数据有波动情况下,间隔越大,分类的错误就越少。最优超平面就是决策面,而平行于超平面、距离支持向量最近的超平面就是边界。

9.2 SVM 的基本理论

对于图9-1或者图9-2来说,数据可以用两类数据之间的一条直线进行区分。这条直线就是超平面,相当于一个分类器,这个分类器将平面内的数据分为两类。

现在已经找到了这条直线。假设这条直线的方程为:$f(x_1, x_2)=a_1 x_1+a_2 x_2+\omega$。如果分类器设置得合理,则将这些对象的坐标代入进去,根据我们学过的数学知识可以知道:分类器一边的数据点所对应的 $f(x)$ 全是大于 0,另一边所对应的 $f(x)$ 是小于 0。当 $f(x)$ 为 0 时,就是直线本身。

为了方便表达,我们将上述直线的表达式写为

$$\lambda w^{\mathrm{T}} x + \omega = 0 \tag{9-1}$$

其中

$$w = \begin{vmatrix} a_1 \\ a_2 \end{vmatrix}, \quad x = \begin{vmatrix} x_1 \\ x_2 \end{vmatrix}$$

在 x_1,x_2 平面内选任意一点 x_0,则 x_0 到直线的距离为多少？

从 x_0 出发,做平面（线）$f(x)$ 的垂线,垂点为 x_a,则 $\gamma = |\overrightarrow{x_a x_0}|$ 就是 x_0 到直线（平面）的距离。根据我们高中所学知识可知,直线（平面）的法线（法向量）是 w。显然,该点到平面的距离就是 x_0 和 x_a 的连线的长度。那么,这个长度为

$$d = \frac{|a_1 x_{10} + a_2 x_{20} + w - a_1 x_{1a} - a_2 x_{2a} - w|}{\sqrt{a_1^2 + a_2^2}} = \frac{|a_1 x_{10} + a_2 x_{20} + w|}{\sqrt{a_1^2 + a_2^2}}$$

注意:因为 x_a 在直线(平面)上,因此 $\boldsymbol{w}^{\mathrm{T}} x_a + \omega = 0$。又因为 $\sqrt{a_1^2 + a_2^2}$ 是直线的法向量,用向量表示则为

$$d = \frac{|\boldsymbol{w}^{\mathrm{T}} x_0 + \omega|}{|\boldsymbol{w}|}$$

对一个数据集合进行分类,当可以线性分隔时,直线(平面)离数据点的间隔越大,分类的确信度(confidence)也越大。所以,为了使得分类的确信度尽量高,需要让所选择的直线(平面)能够最大化这个间隔值。因此,目前的问题是如何找到这个分隔器。在后面我们将分线性可分和线性不可分两种情况进行描述。

9.3 线性可分的分类算法

9.3.1 处理思路

前面我们说过:边界定义为分离面(决策边界)与其最近的训练样本之间的距离。现在假设这个分离面已经找到,其方程为

$$w^{\mathrm{T}} x + \omega_0 = 0$$

现在,将这条线平行向上向下移动 n 个单位的距离,直到和两边的圈和叉在线上(相切),得到两条线,表达式分别为

$$w^{\mathrm{T}} x + \omega_0 = n$$
$$w^{\mathrm{T}} x + \omega_0 = -n$$

这两条线称为边界。

现在假设 $\dfrac{w^{\mathrm{T}}}{n} = w^{\mathrm{T}}$(这并不难理解:一个方程两边同时乘以或者除以一个数,方程不变),则原来的表达式就变成

$$w^{\mathrm{T}} x + \omega_0 = -1$$
$$w^{\mathrm{T}} x + \omega_0 = 1$$

这两个方程对应的直线就是边界,如图 9-5 所示。

现在,将支持向量代入表达式。因为对于支持向量来说,距离永远是正值,但从数学计算上来说有正有负,即:$w^{\mathrm{T}} x + \omega_0 = 1$ 和 $w^{\mathrm{T}} x + \omega_0 = -1$。因此,需要取绝对值,使得支持

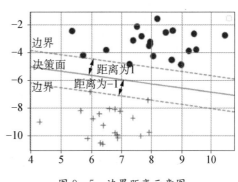

图 9-5　边界距离示意图

向量距离决策面的距离为 1，即：$d = \dfrac{|w^{\mathrm{T}} x_0 + \omega|}{|w|} = \dfrac{1}{|w|}$。 因为所有的分类中，支持向量距离决策面最近，使这个距离 d 最大。用数学公式表示即

$$d = \max \frac{1}{||w||}$$

而其他的点，距离要大于 1：

$$\text{s. t} \quad w^{\mathrm{T}} x + \omega > 1, \quad \text{当距离大于 0 时}$$
$$w^{\mathrm{T}} x + \omega < -1, \quad \text{当距离小于 0 时}$$

为了保持一致，设计一个符号 y_i，表示距离的分类。当 $w^{\mathrm{T}} x + \omega < -1$ 时，$y_i = -1$；当 $w^{\mathrm{T}} x + \omega > 1$ 时，$y_i = 1$（正好表示两类数据）。以上约束变为

$$\text{s. t} \quad y_i (w^{\mathrm{T}} x + \omega) > 1$$

到此为止，初步解释了 SVM 的原理。由于其中涉及大量的数学表达，并且将数学转换为编程语言也不是专业所擅长的，所幸的是，Python 语言中 Sklearn 包中集成了 SVM 算法，可以直接引用函数来进行计算。

9.3.2　Python 实现

一般的财务报表都会包含一系列数据，包括股票代码、应收账款、预付款项、拆出资金、应收利息、应收股息等。根据检查，其中一些数据存在着造假行为。其中涉及的项目共计 341 项，用 FLAG＝1 表示存在财务数据造假；FLAG＝0 表示不存在造假行为。现在利用机器学习中的 SVM 的方式对数据进行分析，找出财务造假的数据特征，以便于在未来用这个模型检查企业是否存在造假行为。

过程如下。

第一步，导入所需要的函数包，代码如下。

```
import pandas as pd      ♯pandas 包，用于数据存储和处理数据
import numpy as np        ♯科学计算常用的包
from sklearn import svm    ♯导入向量支持机
from sklearn. model_selection import train_test_split,GridSearchCV
♯用来进行数据的划分，以及网格搜索和验证用
from sklearn. metrics import accuracy_score    ♯用来进行精度计算
```

第二步，导入数据，并将数据分成纯粹数据和标志数据（即数据以及是否造假的标志）。数据存储在一个 CSV 文件当中，并且已经进行了消除空值、异常数据检测删除、标准化和规范化等操作，可以直接使用。

导入数据后，将数据分为两类。一类用来形成模型，即训练集；另一类用来测试形成的模型准确度或者精确度，即测试集。形成的函数为 train_test_split。train_test_split 函

数的原型如下。

$$
\begin{aligned}
&X\_train, X\_test, \ y\_train, \ y\_test = \backslash \ sklearn. \ model\_selection. \ train\_test\_split(\backslash \\
&\qquad\qquad train\_data, train\_target, test\_size{=}0.4, \backslash \\
&\qquad\qquad\qquad random\_state{=}0, \\
&stratify{=}y\_train)
\end{aligned}
$$

各个参数的含义如表 9-1 所示。

表 9-1 train_test_split 函数的参数含义

参数	含　义
train_data	所要划分的样本特征集
test_size	样本占比，如果是整数的话就是样本的数量
random_state	是随机数的种子，即该组随机数的编号，在需要重复试验的时候，保证得到一组一样的随机数；如每次都填 1，其他参数一样的情况下得到的随机数组是一样的；但填 0 或不填，则每次都会不一样
stratify	是为了保持 split 前类的分布。比如有 100 个数据，80 个属于 A 类，20 个属于 B 类。如果 train_test_split(... test_size=0.25, stratify = y_all)，那么 split 之后数据如下： training：75 个数据，其中 60 个属于 A 类，15 个属于 B 类。 testing：25 个数据，其中 20 个属于 A 类，5 个属于 B 类 用了 stratify 参数，training 集和 testing 集的类的比例是 A∶B= 4∶1，等同于 split 前的比例(80∶20) 通常在这种类分布不平衡的情况下会用到

代码如下。

```
data=pd. read_csv(r'learn_cw. csv')
#数据在前期已经经过了处理(包括去除空值,归一化和规范化处理,并消除了无
用数据)
y=data. loc[:,'FLAG']. values
#获得分类,并将 DataFrame 结构转变为 ndarray(去除列名、行号等内容,单纯需
要其中的数据)
x=data. iloc[:,:-6]. values
#获得数据。其中后面五个分别为 'TICKER_SYMBOL', 'ACT_PUBTIME',
'PUBLISH_DATE', 'END_DATE_REP', 'FLAG',这些数据与我们的判断无关
x_train,x_test,y_train,y_test=train_test_split(x,y,test_size=0.25,\
                           random_state=1,stratify=y)
```

第三步，创建一个支持向量分类的实例并进行训练。

```
svc_linear＝svm. SVC(kernel＝'linear')　#使用默认参数,用线性内核
svc_linear. fit(x_train,y_train)　#开始训练
```

第四步,查看预测情况。可以分别查看训练数据和测试数据。通过训练得到的模型,反过来对训练数据进行评估,并对测试数据进行预测。

```
print('线性条件下训练值精度 ',svc_linear. score(x_train,y_train))
　#评估训练数据的精确度
print('线性条件下测试值精度 ',svc_linear. score(x_test,y_test))
　#评估测试数据的精确度
```

系统输出:

线性条件下训练值精度 0.934 959 349 593 495 9

线性条件下测试值精度 0.804 878 048 780 487 9

可以看到,在使用默认值的情况下,训练数据的精度达到了 0.935,而测试集的精度达到了 0.805。这个精度还可以提高吗?

前面我们提到过,在应用 SVC 函数进行训练时,有一个惩罚系数 C,这个值的大小对精度有一定的影响。C 越大,则表示惩罚力度越大,系统就会将训练数据尽可能地分开,这样训练数据集的精度就提高了。但对于新的数据,所得到的模型适应能力较差(也就是泛化能力差),精度较低。因此,在实际应用中,我们经常来调整参数 C 的值,使得系统的精度和泛化能力达到我们的要求。

现在,我们将惩罚系数变为 0.1,看看精度会发生什么变化。

```
svc_linear_c＝svm. SVC(C＝0. 1,kernel＝'linear')　#将惩罚系数调整到5
svc_linear_c. fit(x_train,y_train)
print('调整参数后,训练集数据精度 ',svc_linear_c. score(x_train,y_train))
print('调整参数后,测试集数据精度 ',svc_linear_c. score(x_test,y_test))
```

系统输出:

调整参数后,训练集数据精度 0.902 439 024 390 243 9

调整参数后,测试集数据精度 0.841 463 414 634 146 3

经过调整参数后,训练数据的精度有所下降,但测试数据的精度有所提高,这表示模型的泛化能力得到了提高,比较适应新的数据。

9.4　非线性可分的处理方法

在上一节中,我们初步认为两类数据是线性可分的,但结果并不理想。那么,上一节的数据真的是线性可分的吗? 如果线性不可分呢? 如何处理?

9.4.1 核变换

根据模式识别理论,低维度空间线性不可分的事物通过数据变换映射到高维度特征空间,则有可能线性可分。

在非线性可分的情况下,要想找到分界面,必须对数据进行处理。在图 9-6 中有三个数据,其坐标分别为(1,3)(2,2)(3,1)。灰色的点[坐标为(2,2)]与白色的点[坐标分别为(1,3)(3,1)]在一条直线上,这时候无论如何规定直线,都无法用一条直线或者一个平面将这两类点分隔,只能用曲线去分类。然而找到这条曲线的参数是非常困难的。

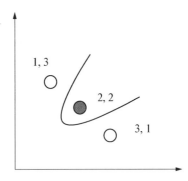

图 9-6 非线性可分图

现在尝试一下变换思路。用现有的数据特征,经过变换增加特征,变成三维数据,是否可以呢?

第三维数据如何形成呢? 将 x_1, x_2 两维数据相乘作为第三维数据,就形成了三维坐标。其坐标值为

$$x(x_1, x_2, x_3) = (1, 3, 3), \ y(x_1, x_2, x_3) = (2, 2, 4), \ z(x_1, x_2, x_3) = (3, 1, 3)$$

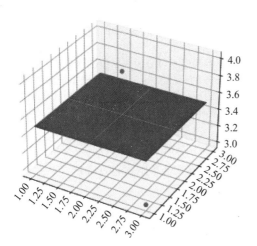

图 9-7 二维变三维后的分隔

将这三个点绘制在三维坐标图上,你会发现,数据增加一个维度后,可以轻易地用一个平面 $z = 3.5$ 将这三个点分开(见图 9-7),这就是 SVM 中核变换的基本原理。

因此,可以为数据增加特征(或者说增加维度)的方式,将线性不可分的数据分开,这称为核方法。核方法就是首先使用一个变换将原空间的数据映射到新空间,然后在新空间里用线性分类学习方法从训练数据中学习分类模型。

但如果直接采用这种处理方式,则存在如何确定映射函数、函数的参数、映射的空间维数等问题,而最大的问题则是数据在高维度特征空间运算时存在着"维数灾难"。但实际上并不需要这样,因为直接进行低维空间计算仍可以达到同样的效果,而不需要显式的定义映射。因此,我们可以通过一些函数来完成这样的操作,这样的函数称为核函数,代码如下。

```
sklearn. svm. SVC(C=1.0, kernel='rbf', degree=3, gamma='auto', \
        coef0=0.0, shrinking=True, probability=False, tol=0.001, \
        cache_size=200, class_weight=None, verbose=False, \
        max_iter=-1, decision_function_shape = None, random_
state=None)
```

Python 中的 sklearn. svm 中的 SVC 函数中，有几个核函数可以有效地解决这个问题，并且已经用 Python 代码实现了。SVC 函数的路径以及原型如下：

> sklearn. svm. SVC(C=1.0, kernel='rbf', degree=3, gamma='auto', \
> 　　　coef0=0.0, shrinking=True, probability=False, tol=0.001, \
> 　　　cache_size=200, class_weight=None, verbose=False, \
> 　　　max_iter=－1,decision_function_shape=None,random_state=None)

各部分的含义如表 9-2 所示。

表 9-2　SVC 函数各个参数的含义

参数	含　义
C	C-SVC 的惩罚参数，默认值是 1.0，C 越大，相当于惩罚松弛变量，希望松弛变量接近 0，即对误分类的惩罚增大，趋向于对训练集全分对的情况，这样在训练集测试时准确率很高，但泛化能力弱；C 值小，对误分类的惩罚减小，允许容错，将它们当成噪声点，泛化能力较强
kernel	核函数，默认是 rbf，可以是 linear、poly、rbf、sigmoid 等。 当取值为 linear 时，表明线性可分 poly：多项式核函数。对传入的样本数据点添加多项式项；新的样本数据点进行点乘，返回点乘结果； 多项式特征的基本原理：依靠增多维度使得原本线性不可分的数据线性可分； rbf：高斯核函数：目的是找到更有利分类任务的新的空间。按一定规律统一改变样本的特征数据得到新的样本，新的样本按新的特征数据能更好地分类，由于新的样本的特征数据与原始样本的特征数据呈一定规律的对应关系，因此根据新的样本的分布及分类情况，得出原始样本的分类情况
degree	多项式 poly 函数的幂次，默认是 3，选择其他核函数时会被忽略
gamma	rbf，poly 和 sigmoid 的核函数参数。默认是 auto，则会选择 1/n_features
coef0	核函数的常数项。对于 poly 和 sigmoid 有用
probability	是否采用概率估计。默认为 False 布尔类型，可选，默认为 False。决定是否启用概率估计。需要在训练 fit()模型时加上这个参数，之后才能用相关的方法：predict_proba 和 predict_log_proba
shrinking	是否启用启发式收缩方式，默认为 True 启发式收缩方式：如果能预知哪些变量对应着支持向量，则只要在这些样本上训练就够了，其他样本可不予考虑，这不影响训练结果，但降低了问题的规模并有助于迅速求解，起到加速训练的效果
tol	停止训练的误差值大小，默认为 1e-3
cache_size	核函数 cache 缓存大小，默认为 200
class_weight	默认为 None，给每个类别分别设置不同的惩罚参数 C，如果没有给，则会给所有类别都给 C=1，即前面指出的参数 C，字典形式传递
verbose	是否启用详细输出，一般为 Flase。
max_iter	int 参数，默认为－1，最大迭代次数，如果为－1，表示不限制

（续表）

参数	含　义
decision_ function _shape	决定了分类时,是一对多的方式来构建超平面还是一对一。ovo 还是 ovr。 　　a. 一对多法(one-versus-rest,简称 1-v-r SVMs)。训练时依次把某个类别的样本归为一类,其他剩余的样本归为另一类,这样 k 个类别的样本就构造出了 k 个 SVM。分类时将未知样本分类为具有最大分类函数值的那类 　　b. 一对一法(one-versus-one,简称 1-v-1 SVMs),做法是在任意两类样本之间设计一个 SVM,因此 k 个类别的样本就需要设计 k(k−1)/2 个 SVM。当对一个未知样本进行分类时,最后得票最多的类别即为该未知样本的类别 　　Libsvm 中的多类分类就是根据这个方法实现的;random_state:默认为 None,在混洗数据时用于概率估计,没什么影响

其中,如果 kernel 是 linear,可以解决线性可分的问题,而当 kernel 的值为 rbf、poly 等的时候,就可以解决线性不可分的情况。

简单地说,SVM 就是通过某种事先选择的非线性映射将输入向量映射到一个高维特征空间,在这个特征空间中构造最优分类超平面,这种映射的算法称为核函数。目前研究较多的是高斯核函数(径向基核函数)、多项式核函数以及 sigmoid 核函数。其中应用最多的是高斯核函数(径向基核函数)和多项式核函数。

9.4.2　高斯核函数

当 kernel 是 rbf 时,我们将核函数称为径向基核函数,又称高斯核函数。

高斯核函数的核心思想是将数据进行变换,映射到无穷维度空间,使得线性不可分的数据线性可分。这个核函数使用简单,调整一个参数 γ 即可。那么 γ 是什么呢?

高斯核函数为

$$k(x,y) = e^{-\gamma||x-y||^2}$$

我们学习过正态分布(又称为高斯分布),其数学函数为

$$f(x) = \frac{1}{\sigma\sqrt{2}} e^{\frac{-(x-\mu)^2}{2\sigma^2}}$$

对比这两个表达式可知:

(1) 高斯核函数,e 的系数为 1,指数的系数是 $-\gamma$。

(2) 高斯分布函数,e 的系数是 $\frac{1}{\sigma\sqrt{2}}$,指数的系数是 $-\frac{1}{2\sigma^2}$。

我们可以直观地认为,高斯核函数也是一个高斯分布图。高斯分布曲线的形状都是相似的钟形图。μ 决定分布图中心的偏移情况;σ 决定分布图峰值的高低,或者说钟形的胖瘦程度。如图 9-8 所示。

比较一下会发现,γ 就相当于方差平方的倒数。其值越大,图形越宽,代表精度就越低,但泛化能力就越强。γ 具体的取值,需要在实际使用中不断地进行调整。

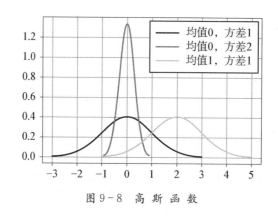

图 9-8 高斯函数

9.4.3 Python 实现

使用高斯核函数只需要在创建 SVC 实例的时候，设置 kernel 的参数为 rbf，再设置好 γ 参数、维度 d 参数即可。

还是以前例为对象进行处理。

首先和线性分隔一样，需要导入必要的包，并将数据进行分隔，代码如下。

```
mport pandas as pd      #pandas 包，用于数据存储
import numpy as np       #科学计算常用的包
from sklearn. preprocessing import StandardScaler   #数据预处理包，用来将数据归一化、规范化
from sklearn import svm    #导入向量支持机
from sklearn. model_selection import train_test_split,GridSearchCV
#用来进行数据的划分，以及网格搜索和验证用
from sklearn. metrics import accuracy_score    #用来进行精确度计算
data=pd. read_csv(r'learn_cw. csv')
#数据在前期已经经过了处理（包括去除空值、归一化和规范化处理，并消除了无用数据）
y=data. loc[:,'FLAG']. values   #获得分类数据
x=data. iloc[:,:-6]. values
#获得数据。其中后面五个数据与我们的判断无关
```

通过以上操作，所用的包已经导入，数据也已经导入。

将数据分为测试集和训练集，并创建一个使用 rbf 核函数的实例，代码如下。

```
x_train,x_test,y_train,y_test=train_test_split(x,y,\
                    test_size=0. 25,random_state=1,stratify=y)
```

```
#创建一个基于 rbf 核函数的支持向量机的实例
svc_rbf = svm. SVC(gamma=3,kernel='rbf')
#用训练数据集对支持向量机进行训练
svc_rbf. fit(x_train,y_train)
#计算训练集得分并打印
print('训练集数据得分 ',svc_rbf. score(x_train,y_train))
#计算测试集积分并打印
print('测试集数据得分 ',svc_rbf. score(x_test,y_test))
```

系统的输出为：

训练集数据得分 0.959 349 593 495 935

测试集数据得分 0.841 463 414 634 146 3

由此可以看出，当将核函数更改为高斯核函数后，系统的精确度得到提高。

9.4.4 多项式核函数

多项式核函数实际上是一种非标准核函数，它通过升级维度，将非线性可分的数据升级维度变得可分。它非常适合正交归一化后的数据，其具体表达式为

$$k(x,y)=(\gamma||x-y||^a+r)^d$$

由表达式可以看出，多项式核是将现有的数据进行纬度升高。如果输入$[a,b,c]$，$d=2$，则产生一个一维向量 $[1,a,b,c,a^2,ab,ac,b^2,bc,c^2]$。例如：输入数据$[[0,1],[2,3]$，如果$d=2$，则产生$[[1,0,1,0,0,1],[1,2,3,4,6,9]]$这样的数据。由于计算过程太复杂，证明过程此处不提及。现在对如何使用多项式核函数进行说明。

对于多项式核函数来说，需要设置d（表示多项式的最高幂次）、常数r（表示多项式的偏置），以及系数γ。而在 SVM 的参数中，degree 表示的是d，gamma 表示γ，而 coef0 表示r。设置好这三个参数就可以开始使用多项式核函数了。

在 Python 实现中，前面的部分与 kernel＝'linear'时保持一致，仅仅在创建实例时，将 kernel＝'linear'改为 kernel＝'poly'。代码如下所示。

```
svc_poly = svm. SVC(kernel = 'poly',gamma=0.3,degree=3,coef0=2)
#创建核函数为 poly 的 SVC 实例
svc_poly. fit(x_train,y_train)    #进行训练
poly_predic = svc_poly. score(x_test,y_test)    #对测试集数据进行测试
print("gamma=0.3,degree=3,coef0=2 时",poly_predic)    #打印数据精度
#改变参数
svc_poly = svm. SVC(kernel = 'poly',gamma=3,degree=3,coef0=1)
svc_poly. fit(x_train,y_train)
```

```
poly_predic = svc_poly. score(x_test,y_test)
print("gamma=3,degree=3,coef0=1 时",poly_predic))
```

系统的输出为：
gamma＝0.3,degree＝3,coef0＝2 时 0.731 707 317 073 170 7
gamma＝3,degree＝3,coef0＝1 时 0.719 512 195 121 951 2

9.5　SVC 的调参

经过前面的练习,已经了解了什么是 SVM,以及如何使用 SVM。但在学习过程中,你也可能产生疑问:当选择的 kernel 不同,参数不同时,所得到的精度是不同的,又怎么知道应该用什么样的 kernel,参数又是多少呢?

1. Sklearn 库提供了网格搜索

网格搜索函数在 sklearn. model_selection 中,其原型为：

```
sklearn. model_selection. GridSearchCV(estimator, param_grid, *, scoring=
None, n_jobs=None, iid='deprecated', refit=True, cv=None, verbose=0, pre_
dispatch='2*n_jobs', error_score=nan, return_train_score=False)
```

2. 重要参数说明

（1）estimator:选择使用的分类器,并且传入除需要确定最佳参数之外的其他参数。每一个分类器都需要一个 scoring 参数或者 score 方法:如

```
estimator = RandomForestClassifier(min_sample_split=100,min_samples_leaf
= 20,max_depth = 8,max_features = 'sqrt', random_state =10)
```

（2）param_grid:需要最优化参数的取值,值为字典或者列表。例如：

```
param_grid = param_test1, param_test1 = {'n_estimators' : range(10,71,10)}
```

或者如下所示：

```
param_grid = [{'n_estimators': [3, 10, 30],'max_features': [2, 4, 6, 8]},
{'bootstrap': [False],'n_estimators': [3, 10],'max_features': [2, 3, 4]},]
```

（3）scoring = None :模型评价标准,默认为 None,这时需要使用 score 函数;或者如 scoring = 'roc_auc'. 所选模型不同,评价准则不同,字符串（函数名）或是可调用对象需要其函数签名,形如:scorer(estimator,X,y);如果是 None,则使用 estimator 的误差估计函数。

(4) n_jobs = 1：n_jobs：并行数，默认为 1，当 n_jobs = −1：表示使用所有处理器（建议）。

(5) refit = True：默认为 True，程序将会以交叉验证训练集得到的最佳参数，重新对所有可能的训练集与开发集进行，作为最终用于性能评估的最佳模型参数。即在搜索参数结束后，用最佳参数结果再次 fit 一遍全部数据集（不用管即可）。

(6) cv = None：交叉验证参数，默认 None，使用五折交叉验证。指定 fold 数量，默认为 5（之前版本为 3），也可以是 yield 训练/测试数据的生成器。

3. GridSearchCV 属性说明

(1) cv_results_ : dict of numpy (masked) ndarrays。

具有键作为列标题和值作为列的 dict，可以导入到 DataFrame 中。注意，"params"键用于存储所有参数候选项的参数设置列表。

(2) best_estimator_ : estimator。

通过搜索选择的估计器，即在左侧数据上给出最高分数（或指定的最小损失）的估计器，估计器括号里包括选中的参数。如果 refit = False，则不可用。

(3) best_score_ : float 类型，best_estimator 的最高分数。

(4) best_parmas_ : dict 在保存数据上给出最佳结果的参数设置。

(5) best_index_ : int 对应于最佳候选参数设置的索引（cv_results_数组）。

search. cv_results_ ['params'] [search. best_index_]中的 dict 给出了最佳模型的参数设置，给出了最高的平均分数（search. best_score_）。

4. 方法和属性

grid. fit(X)：运行网格搜索。

grid_scores_ :给出不同参数情况下的评价结果。

predict(X)：使用找到的最佳参数在估计器上调用预测。

best_params_:描述了已取得最佳结果的参数的组合。

best_score_:提供优化过程期间观察到的最好的评分。

cv_results_:具体用法模型不同参数下交叉验证的结果。

习 题

1. 支持向量机的基本思想是什么？

2. 什么是支持向量？有人说，样本中添加非支持向量，对于结果并没有什么作用，你认为呢？

3. 假设你用 RBF 核训练了一个 SVM 分类器，看起来似乎对训练集欠拟合，你应该提升还是降低 γ(gamma)？

References

参 考 文 献

［1］ 刘顺祥. 从零开始学 Python 数据分析与挖掘[M]. 2 版. 北京:清华大学出版社,2020.

［2］ 刘芳. 数据挖掘技术在移动电商推广中的应用[J]. 湖南城市学院学报(自然科学版),2016,25(6):57-58.

［3］ 孔德汉. 数据挖掘技术在银行业客户关系管理中的应用[J]. 合作经济与科技,2010(20):60-62.

［4］ 常雪琦,刘伟. 数据挖掘技术在客户关系管理中的应用分析——以银行业为例[J]. 信息技术与信息化,2009(05):70-71+78.

［5］ 殷复莲. 数据分析与数据挖掘实用教程[M]. 北京:中国传媒大学出版社,2017.

［6］ 常国珍,赵仁乾. Python 数据科学:技术详解与商业实践[M]. 北京:机械工业出版社,2018.

［7］ 何海群. Python 机器学习与量化投资[M]. 北京:电子工业出版社,2018.

［8］ 李明江,张良均,周东平,等. Python3 智能数据分析快速入门[M]. 北京:机械工业出版社,2019.

［9］ 苏振裕. Python 最优化算法实战[M]. 北京:北京大学出版社,2020.

［10］ LAROSE D T, LAROSE D. 数据挖掘与预测分析(第二版)[M]. 王念滨,宋敏,裴大茗,译. 北京:清华大学出版社,2017.

［11］ 陈丽芳. 基于 Apriori 算法的购物篮分析[J]. 重庆工商大学学报:自然科学版,2014,31(5):6.

［12］ 嵩天,黄天羽,礼欣. Python 语言程序设计基础[M]. 2 版. 北京:中国高等教育出版社,2019.

［13］ 张良均. R 语言数据分析与挖掘实战(大数据技术丛书)[M]. 北京:机械工业出版社,2018.

［14］ 宋天龙. Python 数据分析与数据化运营[M]. 北京:人民邮电出版社,2020.

［15］ 张良均,谭立云,刘名军,等. Python 数据分析与挖掘实战[M]. 2 版. 北京:机械工业出版社,2021.

［16］ HAN J W, KAMBER M, PEI J. 数据挖掘概念与技术[M]. 北京:机械工业出版社,2012.

［17］ 陈国青,卫强,张瑾. 商务智能原理与方法[M]. 北京:电子工业出版社,2014.

［18］ 赵卫东. 商务智能[M]. 4 版. 北京:清华大学出版社,2016.

［19］ LLOYD S P. Least squares quantization in PCM [J]. IEEE Transactions on Information Theory, 1982,28(2):129-137.

［20］ JAIN A K. Data clustering:50 years beyond K-means [J]. Pattern Recognition Letters, 2010, 31 (8):651-666.

［21］ 潘楚,张天伍,罗可. 两种新搜索策略对 K-medoids 聚类算法建模[J]. 小型微型计算机系统,2015,36(7):5.

［22］ 赵湘民,陈曦,潘楚. 基于稠密区域的 K-medoids 聚类算法[J]. 计算机工程与应用,2016,52(16):6.

［23］ 陈国青,吴刚,顾远东,等. 管理决策情境下大数据驱动的研究和应用挑战——范式转变与研究方向[J]. 管理科学学报,2018,21(7):10.

［24］ SEREF O, FAN Y J, CHAOVALITWONGSE W A. Mathematical programming formulations and algorithms for discrete k-median clustering of time-series data [J]. Informs Journal on Computing,

2014,26(1):160-172.

[25] 李宗林,罗可.DBSCAN算法中参数的自适应确定[J].计算机工程与应用,2016,52(3):70-73,80.

[26] 王小燕,姚佳含.基于聚类分析的惩罚约束财务风险预警模型[J].统计与决策,2020(2):4.

[27] 陈茜,田治威.林业上市企业财务风险评价研究——基于因子分析法和聚类分析法[J].财经理论与实践,2017,38(1):6.

[28] 陆泉,陈仕,陈静,等.高维稀疏情境下微博专业领域热点话题挖掘研究[J].情报理论与实践,2020,43(11):7.

[29] 周志华.机器学习[M].北京:清华大学出版社,2016.

[30] 李航.统计学习方法[M].北京:清华大学出版社,2019.

[31] July 支持向量机通俗导论(理解 SVM 的三层境界)[EB/OL]. https://blog.csdn.net/v_july_v/article/details/7624837.

[32] 邓乃扬,田英杰.数据挖掘中的新方法:支持向量机[M].北京:科学出版社,2004.